IOT 阿里物联网技术与系统丛书

物联网操作系统AliOS Things探索与实践

史治国　陈积明　编著

ZHEJIANG UNIVERSITY PRESS
浙江大学出版社

图书在版编目(CIP)数据

物联网操作系统 AliOS Things 探索与实践/史治国,陈积明编著.—杭州:浙江大学出版社,2018.8

ISBN 978-7-308-18511-0

Ⅰ.①物… Ⅱ.①史… ②陈… Ⅲ.①互联网络—应用—操作系统 ②智能技术—应用—操作系统 Ⅳ.①TP316

中国版本图书馆 CIP 数据核字(2018)第 187910 号

物联网操作系统 AliOS Things 探索与实践

史治国　陈积明　编著

策划编辑　黄娟琴

责任编辑　王元新　黄娟琴

责任校对　刘　郡

封面设计　周　灵

出版发行　浙江大学出版社

(杭州市天目山路 148 号　邮政编码 310007)

(网址:http://www.zjupress.com)

排　　版　浙江时代出版服务有限公司

印　　刷　杭州杭新印务有限公司

开　　本　787mm×1092mm　1/16

印　　张　13.75

字　　数　269 千

版 印 次　2018 年 8 月第 1 版　2018 年 8 月第 1 次印刷

书　　号　ISBN 978-7-308-18511-0

定　　价　39.00 元

浙江大学出版社市场运营中心联系方式　(0571)88925591;http://zjdxcbs.tmall.com

序

2018年3月27日，阿里云在深圳云栖大会上正式宣布进军IoT（物联网），并将IoT定义为阿里巴巴一条新的主赛道，其他TMT行业的巨头也纷纷推出自己的IoT战略。由此可见，IoT产业经过多年持续发展，终于以其独特的战略重要性被互联网行业作为数字经济的重要推手来推动。其核心本质是继“人”联网之后，快速推进到“物”联网，使得物理世界数字化趋于可能。

前景无疑是光明的，但并不意味着过去IoT产业界存在的问题已迎刃而解了。反之，制约IoT产业规模化的拦路虎之一——“碎片化”，反而变得矛盾更加突出。我们注意到，随着传感、计算和通信芯片及模组行业的多样化，IoT在硬件底层面临的碎片化制约了上层应用的快速发展和规模复制，也极大地增加了开发者的痛苦。为了解决这一问题，我们注意到阿里云在2018年深圳云栖大会上明确了“1234战略”，其中明确提到了在端侧的两大产品战略：AliOS Things和边缘计算。AliOS Things正是阿里云为解决IoT硬件层面“碎片化”而推出的创新性产品。

正如本书所介绍的，AliOS Things是面向IoT领域的、轻量级物联网嵌入式操作系统。AliOS Things致力于搭建云端一体化IoT基础设施，具备极致性能、极简开发、云端一体、丰富组件、安全防护等关键能力，并支持终端设备连接到阿里云Link，可广泛应用在智能家居、智慧城市、新出行等领域。所以，我们非常确定地讲，AliOS Things不仅仅是一个简单的嵌入式操作系统内核，而且天生内置和集成了大量开发上层应用所需要的接口和组件，并通过预装合作兼容了主流指令集和芯片厂商，为开发者带来各种便利。自推出并开源以来，我们欣喜地看到在GitHub上AliOS Things的关注度快速升高，关注度的持续升高表明我们受到了广大IoT开发者的喜爱。

为了更好地让开发者系统性地了解、掌握、熟练运用 AliOS Things 相关的功能组件和开发、移植技巧，我们邀请浙江大学相关专业的老师们共同编写了本书。本书系统地介绍 AliOS Things 的原理、组件功能、开发环境与技巧以及各种实战技能。全书系统性强，可读性好，指导性高，可以供 IoT 领域的开发者、嵌入式设备开发工程师、芯片模组厂商的技术人员以及高校相关专业的教师和研究人员阅读，也适合高校相关专业学生进行实战学习。

IoT 的生态是多样的，其中开发者生态是重要一环，阿里云推出 AliOS Things 不仅是为产业界解决硬件层抽象的有益尝试，更是助推产业发展的重要抓手。本书旨在引导大家学习相关技能，希望本书能为广大的业界同仁和对 IoT 感兴趣的读者带来灵感和帮助。

阿里云 IoT 事业部

王云词

前　言

自从1991年麻省理工学院的Kevin Ashton教授首次提出“物联网”概念后，物联网已经经历了二十多年起起落落的发展。近年来，在云计算、大数据、人工智能等创新科技日益成熟的背景下，在一些新兴物联技术特别是低功耗广域物联技术的推动下，物联网重新被深度关注。除了技术层面的推动之外，过去十年移动互联网基于人与人的互联造就了很多新的硬件产品以及软件应用公司的爆发式发展，人们对“得入口者得天下”仿佛突然有了更深刻的认识。相比移动互联网的连接数，物联网的连接数将有数量级的提升，流量数意味着入口，这使得物联网给了人们更多的想象空间，这是近年来物联网被重新深度关注的另一个主要原因。2018年3月的深圳云栖大会上，阿里巴巴集团资深副总裁胡晓明宣布：“阿里巴巴将全面进军物联网领域，IoT成为继电商、金融、物流、云计算后，阿里又一业务主赛道。”这将人们对万物互联的关注热度推上了一个新高度。

从技术角度来看，物联网的应用开发是一个较为“碎片化”的问题，这一观点已经成为行业共识。这种“碎片化”不仅体现在终端和通信模块电气接口的多样化、终端传感访问协议和控制命令标准的多样化、物联通信和组网方式的多样化，也体现在处理器、存储器等系统硬件的多样化以及对接云端平台的多样化。“碎片化”的工作意味着大量重复性劳动，很大程度上会影响物联网应用行业的发展速度。解决物联网“碎片化”的一个重要途径，就是使用物联网操作系统。

实际上，物联网操作系统远非解决“碎片化”这一功能。物联网操作系统的主要功能还包括：通过设备认证、服务认证、安全加密算法等技术手段，为物联网终端设备带来安全保障；通过提供完善的操作系统组件和通用的开发环境，降低应用开发的成本和时间；通过提供多种通信协议连接管理平台的能力，为物联网终端统一管理提供技术支撑；通过建立产业上下游连接，使物联网应用形成积极健康的行业生态。用一种历史观的眼光来看，不难发现，在物联网成为新浪潮的今天，物联网操作系统将对整个行业生态起到革命性的影响。

物联网操作系统的研究与开发，受到了众多物联网行业领先公司、中小创公司以及开源开发者的广泛关注和持续投入，市面上已经有一系列开源和商用物联网操作系统。其中，AliOS Things是AliOS家族旗下面向物联网领域的轻量级物联网嵌入式操作系统。依托阿里云强大的云端能力,AliOS Things 致力于搭建云端一体化物联网基础设施,具备极致性能、极简开发、云端一体、丰富组件、安全防护等关键能力,并支持终端设备连接到阿里云 Link,可广泛应用在智能家居、智慧城市、新出行等领域。与大多数物联网操作系统仅仅提供一个内核不同,AliOS Things 除内核外还提供了丰富的功能,包括 Wi-Fi/BLE 配网、mesh 自组网、语音交互能力、多 bin 的 FOTA、安全的加密算法等,能够为物联网开发应用提供更加可靠、方便、适用的技术支撑。

为了使广大物联网应用开发者更快地了解 AliOS Things 的功能,理解 AliOS Things 的工作机制,将 AliOS Things 运用于实际项目开发之中,缩短开发周期,我们编写了本书。本书的主体内容分为两部分,前面部分为 AliOS Things 的探索部分,后面部分为 AliOS Things 的实践部分。前面部分包括第 1 章至第 5 章:第 1 章对物联网操作系统进行了概述,讨论了 AliOS Things 的主要技术特征和能力;第 2 章重点阐述 AliOS Things 的 Rhino 内核运转机制和 Rhino 内核接口,涵盖了任务、定时器、工作队列、系统时钟、信号量、互斥机制、环形缓冲池、事件机制、内存管理、低功耗框架、异步事件框架等内容;第 3 章主要讨论了 AliOS Things 提供的组件,包括自组织网络 uMesh、空中固件升级功能 FOTA、网络适配框架 SAL、消息传输协议 MQTT、感知设备软件框架 uData、JavaScript 引擎 Bone Engine@Lite、智能语音服务 Link Voice、安全支持等内容;第 4 章给出了目前 AliOS Things 已移植支持的硬件,并对编译开发环境进行了详细介绍;第 5 章简要介绍了用于本书后续章节实践的开发板硬件。

在前几章的基础上,本书的后面部分给出了 AliOS Things 实践的 5 个例程:第 6 章是一个热身性的例程,学习运用 AliOS Things 的 CLI 组件进行 Shell 交互实验,并穿插了对 Rhino 内核移植、UARTHAL 移植的讨论和实践;第 7 章是通过 MQTT 协议上传数据到物联网套件的例程,其中穿插了 Wi-Fi 移植的讨论和实践;第 8 章使用 uData 框架进行数据读取的例程,讨论了 uData 移植的方法和实践;第 9 章是使用 FOTA 进行固件升级的例程,其中穿插了 Flash HAL 的移植以及 FOTA 移植的讨论和实践;第 10 章给出了 uMesh 自组网的实践例程。本书的一个重要特点就是注重实践性,所以例程和移植代码都已经在开发板硬件上验证,并全部提供给读者,相信这对于读者快速掌握使用 AliOS Things 进行物联网应用开发是大有裨益的。

全书由史治国和陈积明负责统稿、审稿与定稿;依托于浙江大学阿里巴巴前沿技术研究中心物联网实验室,参加本书编写的人员包括浙江大学的孙怡琳、胡康、刘波、王志浩、潘骏,阿里云物联网事业部的蔡俊杰、陈凌君、戴胜平、范剑刚、葛伟、桂挺、郭雷、黄震、李诚、廖怡然、马骁、钱帆、王路、王之磊、巍骛、谢琳峰、杨佳、杨纾、郑文建、张畋、朱卿、庄勤益等。本书还得到了浙江大学本科生院的大力支持,在此一并表示感谢。

由于编者水平有限,成书时间紧迫,书中难免存在不足之处,敬请读者批评指正。

目　录

第1章　物联网操作系统概述

1.1　物联网体系架构与“碎片化”问题

物联网(Internet of Things,IoT)是麻省理工学院教授Kevin Ashton在20世纪90年代创造的一个术语,顾名思义,物联网就是将物与物连接起来的网络,区别于互联网时代的人与人通过固定或移动终端互联。物联网是以物体的连接为主导,在全世界范围内建造万物互联互通的庞大网络。在这张庞大的网络上,所有的智能设备可以在任何时间和地点与人或对等的智能设备进行连接、数据交互以及对其进行管理。

显而易见,物联网将大大扩展人的感知范围,为人与物、物与物之间带来全新的交互方式。移动互联网时代之后,即下一个十年人们将进入一个全新的物联网和智联网时代。根据联发科的测算,全球PC/NB互联网时代的联网设备仅为10亿量级;移动互联网时代的联网设备有数10亿量级;而物联网时代的联网设备将达到1000亿量级。这些巨额的设备数量之后,蕴含着巨大的经济和社会价值。

技术层面来看,一种常见的物联网技术体系架构如图1-1所示,其中位于最底层的是各种各样的感知设备(连接各种各样不同的传感器)。这些感知设备使用不同的通信方式、通过各种不同的网络接入方式接入核心网络,从而到达自己所属的数据管理平台。在此之上,是各种物联网的应用和服务。

由图1-1可知,物联网的应用和开发是一个较为“碎片化”的问题。物联网的“碎片化”问题近些年已经成为一个不争的事实,行业已经形成共识。总结起来,这种“碎片化”主要体现在以下几个方面:第一,终端传感器电气接口的碎片化。物联网终端的传感器接口可能是数字的,也可能是模拟的,数字的话又有很多不同的数字总线协议,使得对多种不同传感器的电气接口访问成为处理器编程的一个繁重工作。而通信模块的电气接口也有同样的问题。第二,终端传感器的访问协议的碎片化。每个传感器的配置、访问和操作的协议是不一样的,不同的用户,每一个不同的传感器的访问都需要重复进行编程配置。第三,终端通信接入方式的碎片化。其可能是有线网络接入或者总线方式接入,也可能是无线网络接入,而无线网络接入方式又有近距离的蓝牙、超宽带,中等距离的ZigBee、Wi-Fi,传统广域的2G和4G接入，以及近年来方兴未艾的 LoRa、NB-IoT 等。第四，纷繁复杂的处理器所引起的碎片化。不同的处理器以及相应的板级资源配置使得开发者需要面对各种不同的板级硬件。第五，物联网平台的碎片化。近年来物联网平台发展迅速，但是从物联网终端到物联网平台之间的数据接入传输协议并没有一个统一的协议，终端设备连接到不同的平台需要进行重复的编程工作。

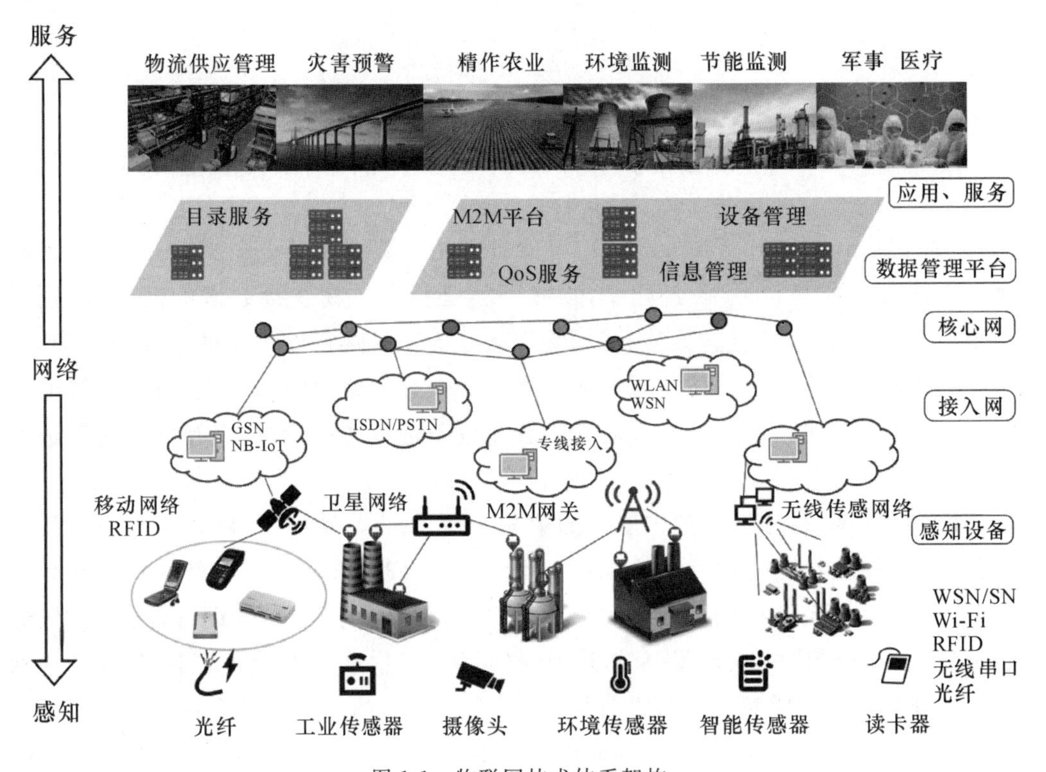

图 1-1 物联网技术体系架构

在新一轮的物联网发展浪潮中，物联网的“碎片化”问题将在很大程度上成为一个制约因素。事实上，在每个不同的物联网应用中，很多“碎片化”的工作其实都是重复性劳动，是对人力资源的极大浪费。在开发人员和开发预算一定的情况下，碎片化将会很大程度上阻止物联网应用行业的迅速发展。因此，如果能够解决这些“碎片化”的问题，将极大地促进物联网系统的开发效率，缩短从设想到原型系统再到商用产品的开发周期。解决物联网“碎片化”的一个重要途径，就是使用物联网操作系统。当然，物联网操作系统的作用还远不止这一点。

1.2 物联网操作系统

传统的操作系统（Operating System，OS）是管理计算机硬件和软件资源，给用户提供计算机软件服务的计算机程序。常见的计算机操作系统有微软 Windows 操作系统、UNIX 及类 UNIX 操作系统(如 Linux、谷歌)、苹果 Mac OS 操作系统等。从图 1-2 所示的系统结构来看,操作系统位于硬件和固件之上,应用软件之下,是用户与计算机的接口,也是计算机软件和硬件的接口。对于用户而言,操作系统屏蔽了硬件接口,用户可以在此基础上直接进行软件的使用或开发。如果从行业生态的角度去考察操作系统对于行业发展历史影响的话,可以发现操作系统的作用是巨大的。20 世纪 70 到 80 年代,大型机和微计算机不使用或者使用简单的操作系统,因此计算机的使用对于用户的专业能力有着较高的要求,阻碍了计算机的普及。20 世纪 90 年代,Windows 操作系统的推出,使得个人电脑和笔记本电脑迅速普及,计算机设备的用户呈现几个数量级的增长。过去 10 年移动互联网迅猛发展的一个主要原因也是得益于移动端操作系统的发展,iOS 和 Android 两个操作系统几乎一统移动端操作系统的江山,推动了行业生态的建立,使得众多应用的开发者可以不用考虑底层硬件的问题,为用户开发出各种丰富的应用。所以,从历史上操作系统的发展对行业生态的影响可知,在物联网成为新浪潮的今天,物联网操作系统将对行业生态起到革命性的影响。

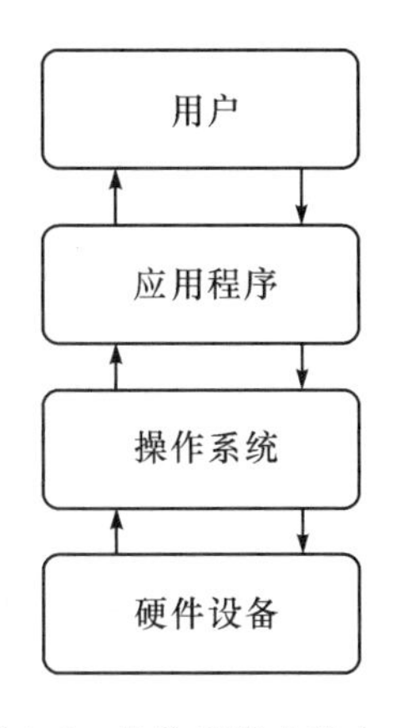

图 1-2 操作系统在整个系统结构中的位置

然而,从技术角度看,物联网应用中传统的操作系统将不再适用。虽然物联网的终端设备种类繁多,接口也各不相同,但它们都有共同的特点:终端设备硬件资源受限、计算能力不足,大部分的终端设备同时存在低功耗、低成本的要求。因此,传统的操作系统不能运行在物联网的终端设备上,它们需要更加轻量级、运行效率更高的专为物联网打造的操作系统。

实际上,物联网操作系统作为一种新型的关键信息技术受到了广泛的关注。目前,物联网领域中已经涌现出多个物联网操作系统,给物联网的发展带来了巨大的机会。从功能角度看,物联网操作系统运用主要有以下几个作用。

1.2.1 屏蔽终端设备,解决物联网“碎片化”问题

在物联网中,不同的应用领域,其包含的设备终端差异很大,从内存很小的微控制器到超大内存的智能设备,从传统的传感器电路到基于先进微电子技术设计的微机电系统(MEMS)传感器,以及 Wi-Fi、BLE、NB-IoT 等各种通信方式,还有多种多样的物联网云平台。正是这些硬件、接口以及平台的“碎片化”特征在牵制着物联网的发展。物联网操作系统的出现为这些问题提供了新的解决方案,它使用合理的架构设计,屏蔽底层的硬件接口,设计出规范化的统一编程接口,使得上层应用可以脱离硬件层接口和各种不同的平台设置。就如安装了安卓系统的不同手机都可以运行同样的 APP 一样,物联网操作系统构建出的抽象模型可以实现同样的上层物联

网应用软件在不同的物联网终端硬件基础上运行。这是一个非常激动人心的想法。

1.2.2 建立产业上下游连接，形成积极健康的行业生态

以物联网操作系统为核心，打通物联网产业从芯片层次（处理器芯片、通信芯片、传感芯片）、模组层次、硬件电路层次、系统应用层次、物联网运营层次、物联网数据运维层次的全线贯穿，形成合力，建立面向各个不同行业的积极健康的行业生态，为物联网产业的发展奠定坚实的基础。如同 iOS 和 Android 两个嵌入式移动终端操作系统形成的对移动互联网时代的巨大推动作用一样，可以预期的是，物联网操作系统将逐渐走出群雄割据的时代，走入以主流物联网操作系统为生态主导的全新发展时代，这将极大地促进整个物联网产业的发展。

1.2.3 为物联网终端设备带来安全保障

由于物联网的应用往往存在数百、数千乃至更多的终端节点，这种庞大的节点群的安全问题可能在累加之后不再是小问题，而是一些系统性的大问题。针对这个问题，常见的物联网操作系统在进行通信以及业务处理时都加入了安全处理模块，包括各类安全加密算法。这些安全加密算法可以帮助开发人员提升物联网应用的安全性，同时物联网操作系统中还加入了设备认证、服务认证等，这些认证服务能让物联网设备减小被攻击和算法被破解的风险。

1.2.4 降低应用开发的成本和时间

大多数物联网操作系统都是开源的操作系统，它们提供完善的操作系统组件和通用的开发环境，降低了物联网应用开发的成本和时间。同时，在物联网操作系统之上使用统一的数据格式和存储方式，不同业务、领域之间可以进行数据共享，为物联网各类应用的互通提供了可能。

1.2.5 为物联网终端统一管理提供技术支撑

物联网操作系统提供多种通信协议连接管理平台的能力。随着物联网设备管理平台的出现，结合物联网操作系统，开发者可以对物联网设备进行统一的管理，不同领域不同类型的设备都可以在同一管理平台进行维护和管理。因此，物联网操作系统为物联网终端的统一管理提供了技术支撑。

1.3 AliOS Things 技术特征

AliOS Things 是 AliOS 家族旗下的、面向 IoT 领域的、轻量级物联网嵌入式操作系统。AliOS Things 将致力于搭建云端一体化 IoT 基础设施，具备极致性能、极

简开发、云端一体、丰富组件、安全防护等关键能力，并支持终端设备连接到阿里云 Link 物联网平台，可广泛应用在智能家居、智慧城市、新出行等领域。AliOS Things 的具体特性如下。

1.3.1 极简开发

AliOS Things 提供高可用的免费集成开发环境（IDE），支持 Windows/Linux/Mac OS 系统；提供丰富的调试工具，支持系统/内核行为 trace、mesh 组网图形化显示；提供 Shell 交互，支持内存踩踏、泄露、最大栈深度等各类侦测，帮助开发者提升效率。同时，基于 Linux 平台还提供 MCU 虚拟化环境，开发者可以直接在 Linux 平台上开发与硬件无关的 IoT 应用和软件库，使用 GDB/Valgrind/SystemTap 等 PC 平台工具诊断开发问题。AliOS Things 提供了包括存储（掉电保护、负载均衡）在内的各类产品级别的组件，以及面向组件的编译系统和 Cube 工具，支持灵活组合 IoT 产品软件栈。

1.3.2 即插即用的连接和丰富服务

AliOS Things 支持 uMesh 即插即用网络技术，设备上电自动联网，它不依赖于具体的无线标准，已经支持 802.11/802.15.4/BLE 多种通信方式，并支持混合组网。同时，AliOS Things 通过 Linkkit 与阿里云计算 IoT 服务无缝连接，使开发者方便实现用户与设备、设备与设备、设备与用户之间的互联互通。

1.3.3 细颗粒度的 FOTA 更新

AliOS Things 拆分为 kernel、app bin 两部分，可支持细粒度 FOTA 升级，减少 OTA 备份空间大小，有效减少硬件 Flash 成本。同时，FOTA 组件支持基于 CoAP 的固件下载，结合 CoAP 云端通道，用户可以打造端到端全链路 UDP 的系统。

1.3.4 彻底全面的安全保护

AliOS Things 提供系统和芯片级别安全保护，支持可信运行环境（支持 ARMV8-M Trust Zone），同时支持预置 ID^2 根身份证和非对称密钥以及基于 ID^2 的可信连接和服务。

1.3.5 高度优化的性能

Rhino 内核支持 idle task，RAM＜1KB，ROM＜2KB，提供硬实时能力。内核包含了 Yloop 事件框架以及基于此整合的核心组件，避免栈空间消耗，核心架构良好，支持极小 FootPrint 的设备。

1.3.6 解决 IoT 实际问题的特性演进

AliOS Things 提供了更好的云端一体融合优化，更简单的开发体验，更安全的性能，更优的整体性能和算法支持，更多的特性演进。

1.4 物联网操作系统对比

与现有其他物联网操作系统相比，大多数物联网操作系统主要是提供一个内核，而 AliOS Things 除内核外还提供了丰富的功能，包括 Wi-Fi/BLE 配网、mesh 自组网、语音交互能力、多 bin 的 FOTA、安全的加密算法等，这些功能帮助 AliOS Things 更好地为物联网应用提供可靠、方便、适用的服务。具体而言，AliOS Things 与其他物联网操作系统相比的主要优势如下。

（1）轻量级内核：AliOS Things 自主研发微内核架构，使内核资源占用更少，在标准状态下，实现 ROM 占用小于 2KB，RAM 占用小于 1KB，实现在资源有限的大量物联网设备上平稳运行。

（2）低功耗：AliOS Things 提供低功耗场景引擎，实现软硬一体结合。

（3）支持多种连接方式：AliOS Things 实现 6 种主要连接方式，包括 MQTT、CoAP、TCP/IP、NB-IoT、LoRa、Wi-Fi 等，开发者可根据应用场景选择。此外，AliOS Things 搭载阿里自有专利 uMesh 技术，支持物联网设备自动建立通信网络。

（4）全方位安全：AliOS Things 提供芯片级别安全保护，从 OS、连接协议、数据等层面提供全方位的安全保证措施，支持可信运行环境、ID^2 根身份证和密钥、Syscall 三种保护，保障物联网应用和设备的云上安全。

（5）FOTA 升级：AliOS Things 支持轻量级、高效的固件升级方案，支持单 bin、两 bin、差分乒乓升级三种升级模式，支持终端厂商根据不同应用场景选择最优升级方案。

（6）终端上云：AliOS Things 自主研发提供 AliOS Cube（可视化配置工具），开发者能灵活地按需求选择所需组件，组合 IoT 产品软件栈，实现设备的快速上云。

本书的后面章节将对 AliOS Things 进行深度讲解和分析，包括其内核的运行机制和各个组件的原理。同时，结合 AliOS Things 的编译软件和阿里配套的开发板进行进一步的探索，还加入了实战例程教程以及移植教程，帮助读者深入了解 AliOS Things 原理，掌握并使用 AliOS Things。

第 2 章　AliOS Things 内核

从结构上来讲，AliOS Things 是一个层状架构（Layered Architecture）和组件架构（Component Architecture），如图 2-1 所示。其自下而上包括：

（1）BSP：Board Support Packages，芯片厂商的板级代码；

（2）HAL：Hardware Abstract Level，硬件抽象层；

（3）Kernel：包含自研的 Rhino 内核、异步事件框架 Yloop、虚拟文件系统 VFS、KV 文件系统等；

（4）Protocols Stack：协议栈，包括 TCP/IP、BLE、uMesh 等；

（5）Security：各类安全组件，包括 TLS、TFS 安全框架、TEE（可信执行环境）；

（6）中间件及服务：Alink/MQTT/CoAP 连接协议、FOTA、JS 引擎、AT 指令框架。

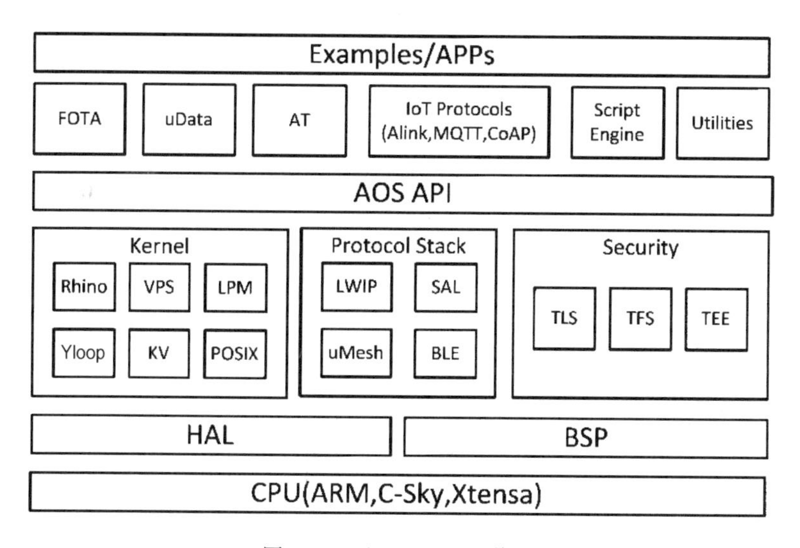

图 2-1　AliOS Things 模块

本章将具体介绍 AliOS Things 的名为 Rhino 的实时操作系统的基本概念与原理，以及 Kernel 内的 Yloop 组件。

2.1 概 述

Kernel 是 AliOS Things 的核心组件之一，其基础是名为 Rhino 的实时操作系统。AliOS Things Kernel 实现了多任务机制，包括多个任务之间的调度，任务之间的同步、通信、互斥，事件，内存分配，Trace 功能以及多核等的机制。

操作系统的内核是操作系统最基础的部分，为操作系统提供任务调度、内存管理、中断控制等重要的功能；同时它还管理应用程序所使用的软件资源。AliOS Things 操作系统本身是一套嵌入式软件，可以为用户提供一种标准的开发框架。AliOS Things 内核支持多个任务的同时运行。在许多单核的 MCU 中，AliOS Things 通过多个程序时分复用的方式共享处理器资源，从而达到宏观上多个任务同时运行的效果。

本章将介绍 Rhino 内核运转机制和 Rhino 内核接口，目的是帮助读者了解 Rhino，学会使用 Rhino 内核来搭建软件架构，解决应用逻辑需求。

Rhino 内核主要涵盖以下内容：

(1)任务(task)，多任务环境，任务的创建/销毁，任务调度，任务优先级，任务状态控制；

(2)定时器(timer)，定时器创建、开始、结束，定时器运行机制；

(3)工作队列(work queue)；

(4)系统时钟(system tick)；

(5)信号量(semaphore)；

(6)互斥机制(mutex)；

(7)环形缓冲池(ring buffer)；

(8)事件机制(event)；

(9)内存管理(memory management)；

(10)空闲任务(idle task)；

(11)低功耗框架(power management)；

(12)异步事件框架(Yloop)。

2.2 任务(task)

2.2.1 概念

现代操作系统都建立在任务的基础上，任务是 Rhino 中代码的一个基本执行环境，有的操作系统也称之为线程(thread)。多任务的运行环境提供了一个基本机制让上层应用软件来控制或反馈真实的或离散的外部世界，从宏观上可以看作单个CPU 执行单元上同时执行多个任务；从微观上看，CPU 通过快速的切换任务来执行。Rhino 实时操作系统支持多任务机制。

每个任务都具有上下文(context)。上下文是指当任务被调度执行时此任务可见的 CPU 资源和系统资源，当发生任务切换时，任务的上下文被保存在任务控制块(ktask_t)中，这些上下文包括当前任务的 CPU 指令地址(PC 指针)、当前任务的栈空间、当前任务的 CPU 寄存器状态等。

2.2.2 系统 task

依据不同的初始配置，Rhino 内核将在系统启动阶段创建一些默认的 task，且这些 task 将会一直运行而不退出。常见的默认系统 task 包括：

(1)timer_task：定时器任务。当有需要把在处理的工作推迟一些时间时，可以启动一个定时器，指定延迟时间和工作内容，并将此工作加入 timer_task 的内部队列，当定时器到了定的时间时，timer_task 将会执行此工作内容。从另一个方面看，Rhino 内核的定时器执行上下文是任务上下文，而不是中断上下文，也有某些操作系统将定时器的执行上下文放在中断上下文来处理。配置定时器任务的系统选项是 RHINO_CONFIG_TIMER，此任务默认优先级是 5，可用系统选项 RHINO_CONFIG_TIMER_TASK_PRI 来控制。

(2)DEFAULT-WORKQUEUE：工作队列。在当前代码执行上下文无法完成某些工作时，可以把此工作排入工作队列，由工作队列在任务上下文中执行。配置此任务的系统选项是 RHINO_CONFIG_WORKQUEUE。

(3)cli：rhino kernel shell 任务。此任务提供一个 shell 界面，用户可通过此 shell 界面来运行命令与 OS 交互，比如查看当前系统任务列表、空余内存，查看任务堆栈信息、debug，重启系统等。

(4)idle_task：空闲任务。当 CPU 没有需要执行的指令时，则切入此 task 执行，此 task 执行一个 while 循环，直到有任何一个其他 task 需要被调度。

(5)dyn_mem_proc_task：动态释放内存。配置此任务的系统选项是 RHINO_CONFIG_KOBJ_DYN_ALLOC。

2.2.3 task 状态和迁移

在 kernel shell 中使用命令 tasklist 可以列出当前系统中所有 task 的信息，包含任务的状态信息，如表 2-1 所示。

表 2-1　当前系统中所有 task 的信息

Name	State	Prio	StackSize	MinFreesize	Runtime	Candidate
dyn_mem_proc_task	PEND	5	4096	3827	0	N
idle_task	RDY	61	4096	3451	0	N
timer_task	PEND	5	4096	3368	0	N
app	PEND	32	4096	1213	0	N
DEFAULT-WORKQUEUE	PEND	9	4096	3851	0	N
cpu_intr	PEND	0	4096	3888	0	N
cli	RDY	32	4096	1139	0	Y

表 2-2 给出了 Rhino 内核维护的任务状态符号对应的意义。注意，task 的状态具有累加性，一个任务可在同一时刻具有多个状态。例如，一个处于 PEND 状态的 task 可以迁移到状态 PEND_SUSPENDED。当 PEND 状态解除后，任务状态迁移为 SUSPENDED。

表 2-2　Rhino 内核维护的任务状态符号对应的意义

任务状态	描　述
RDY	任务处于 ready_queue 中，说明当前任务正在执行或者没有执行，如果没有执行，那么唯一需要等待的资源是 CPU
PEND	任务处于非执行状态（阻塞态），且在等待某些资源（比如信号量、消息）就绪
SLEEP	任务处于睡眠状态，一般是由于应用程序在 task 中调用了 krhino_task_sleep()
SUSPENDED	任务处于悬起状态，一般是指定了 autorun 为 0 的参数来用 krhino_task_create()或者 krhino_task_dyn_create()创建的 task 处于悬起状态，或者应用程序使用 krhino_task_suspend()明确地将某个 task 置于悬起状态
PEND_SUSPENDED	任务同时处于阻塞态+悬起态
SLEEP_SUSPENDED	任务同时处于睡眠态+悬起态
DELETED	任务已被删除

如图 2-2 所示是一个简单的任务状态迁移示例。使用参数 autorun=1 创建的 task 直接进入 RDY 状态，使用 autorun=0 创建的 task 直接进入 SUSPENDED 状态。此外，系统还包括 PEND 状态和 SLEEP 状态，图中的箭头表示了状态之间可能的切换。表 2-3 所示为图 2-2 中对应各个状态变化及引起该变化的操作。注意，图 2-2 没有列出所有的任务状态，比如上面讨论的 PEND_SUSPENDED/SLEEP_SUSPENDED 状态。

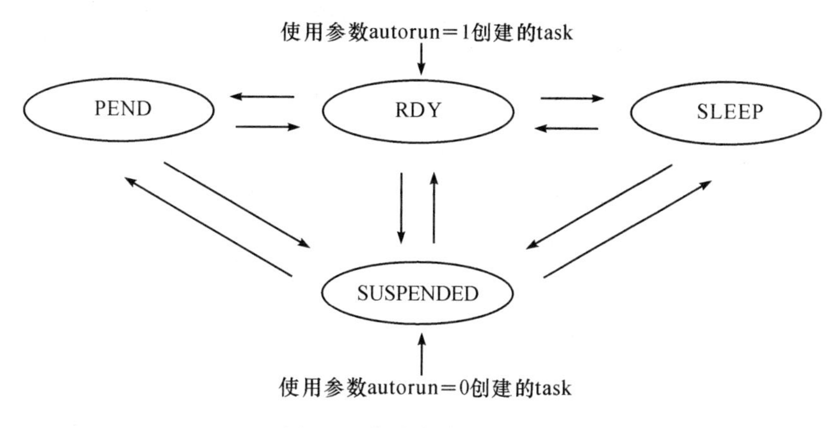

图 2-2　任务状态迁移示例

表 2-3　状态变化以及引起该变化的操作

状态变化	操　　作
--> RDY	create task with autorun=1
--> SUSPENDED	create task with autorun=0
RDY--> PEND	krhino_sem_take()/krhino_queue_recv()
RDY--> SUSPENDED	krhino_task_suspend()
RDY--> SLEEP	krhino_task_sleep()
PEND--> RDY	krhino_sem_give()/krhino_queue_back_send()
PEND--> SUSPENDED	krhino_task_suspend()
SLEEP--> RDY	sleep time expried
SLEEP--> SUSPENDED	krhino_task_suspend()
SUSPENDED--> RDY	krhino_task_resume()
SUSPENDED--> PEND	krhino_task_resume()
SUSPENDED--> SLEEP	krhino_task_resume()

下面我们对 task 状态及其转移中的任务调度和 ready queue 做进一步阐述。

1. 任务调度

Rhino 支持两种调度模式：①基于优先级的抢占式调度；②Round-Robin，基于时间片的轮转调度。

（1）基于优先级的抢占式调度。

Rhino 对每一个不同的任务优先级，都维护了一个 FIFO 模式的 ready queue，里面包含了当前所有可以运行的 task 列表。此列表中的 task 状态都处于 RDY 状态。当 CPU 可用时，最高优先级的 ready queue 里面排在第一个的 task 将得到 CPU，并开始执行。

当有一个 task 就绪且优先级高于当前 task，那么 OS 将立即切换到高优先级的 task 执行，并在切换之前保存当前 task 的上下文。

在实际应用中，应该按照任务实际要处理事件的紧急程度来安排 task 的优先级，避免将所有 task 都安排在同一个优先级。比如在航空系统中，用于飞行控制的 task 应该给予高优先级，用来处理机载娱乐系统的任务则给予低优先级。这种调度机制有一个潜在问题是，如果当前所有 task 都属于同一优先级，此时其中一个 task 一直运行且不放弃 CPU，那么其他 task 则会一直得不到 CPU 资源来执行指令。Round-Robin 调度机制可以避免这个问题。

(2)Round-Robin 调度机制。

Round-Robin 调度机制可以通过系统配置选项 RHINO_CONFIG_SCHED_RR 来开启。在 Round-Robin 调度机制下，同一优先级的 task 依次获得 CPU，而不会因为某一个“野蛮”task 不放弃 CPU 而导致其他 task“饿死”。

Round-Robin 调度机制会在同一优先级的 task 开始时共同分享 CPU，每个 task 至多可以运行的时间片(time slice)是固定的，当某个 task 的时间片用完以后，此 task 将被放到此优先级对应的 ready queue 的末尾，然后调度 ready queue 上排在第一个位置的 task 来运行。这种机制是依靠 Rhino 内核机制来保证的，不论被切出的 task 是否愿意放弃 CPU。

注意，Rhino 内核的 Round-Robin 是考虑了 task 的优先级的，如果有一个高优先级的 task 就绪了，不论当前 task 的时间片是否用完，CPU 都会立即去执行高优先级的 task，当被中断的 task 恢复执行时，它将继续执行剩下的时间片。

Rhino 默认为所有 task 分配默认的时间片(RHINO_CONFIG_TIME_SLICE_DEFAULT)，也支持给特定的 task 设定特定的时间片，函数名是 krhino_task_time_slice_set()。

当调度模式为基于优先级的抢占模式时，是不能动态调整任务的调度机制的。当调度模式为 Round-Robin 模式时，可以动态地设定某一个 task 脱离时间片分片的机制，即如果此 task 获得 CPU 后，可以一直运行指令不受时间片的影响，除非有更高优先级 task 就绪或者被某些资源阻塞。注意，这里的调整也只针对某一个单一 task，系统整体调度机制没有发生改变。

2. ready queue

Rhino 系统支持最大 256 个优先级(0－255)，用户可以根据应用需求配置系统支持的最大优先级数。对于每个优先级，Rhino 维护了一个 ready queue，对应优先级的所有处于 RDY 状态的 task 都处于 ready queue 中。当 CPU 可用时，最高优先级的 ready queue 中排在第一个位置的 task 将得到执行，所以 task 在 ready queue 中的位置直接关系到此 task 的执行预期。一个 task 在 ready queue 中的位置是会变化的，task 也可以在不同优先级的 ready queue 中迁移。

一些可能发生位置变化的情况如下：

(1)当前 task 的任务优先级发生变化时，当前 task 将从当前优先级的 ready queue 中脱离，进入新优先级的 ready queue，并被排在新优先级的第一位置。

(2)当前 task 被抢占，CPU 转去执行更高优先级的 task，当前 task 在当前优先级的 ready queue 的位置不变。

2.2.4 task 创建

Rhino 内核支持两种创建 task 的方式：

(1)静态创建，krhino_task_create()。

(2)动态创建，krhino_task_dyn_create()。

在 Rhino 系统内核启动阶段，如果内存管理功能还没有完成初始化，但又需要创建 task，可以使用 krhino_task_create()来完成。此时，用于任务管理的数据空间 ktask_t(有些操作系统也将此空间称为任务控制块(task control block，TCB))和任务栈空间均来自于预先在代码中定义好的全局或局部变量，视编译链接工具的不同，这段空间可位于 DATA 段或者 BSS 段(BSS 段通常是指用来存放程序中未初始化的全局变量和静态变量的一块内存区域)。

静态创建 task 的代码示例如下：

```
ktask_t             g_timer_task;
cpu_stack_t
g_timer_task_stack[RHINO_CONFIG_TIMER_TASK_STACK_SIZE];
krhino_task_create(&g_timer_task, "timer_task", NULL,
                   RHINO_CONFIG_TIMER_TASK_PRI, 0u, g_timer_task_stack,
                   RHINO_CONFIG_TIMER_TASK_STACK_SIZE, timer_task, 1u);
```

当内存管理功能完成初始化以后，Rhino 支持动态地为要创建的 task 分配 ktask_t 空间和任务栈空间。这里的任务控制管理块(ktask_t)和任务栈空间都从系统内存堆中动态分配。

动态创建 task 的代码示例如下：

```
ktask_t *g_aos_init;
krhino_task_dyn_create(&g_aos_init, "aos-init", 0, AOS_DEFAULT_APP_PRI, 0,
                       AOS_START_STACK, sys_init, 1);
```

2.2.5 任务栈

每个任务的栈空间是在创建任务时就分配好的，每个任务都必须有自己的任务栈空间，为了防止任务栈溢出，且踩到其他区域，导致更严重的系统问题，操作系统需要采取适当措施将损失降到最小。

严格地讲，没有方法可以保证当前任务栈不溢出，操作系统所能做的和需要做的事情有两个：第一个是侦测任务栈溢出；第二个是悬起栈溢出的 task，防止此 task 给系统带来更大危害。

1. 栈溢出侦测

栈溢出侦测的方法一般有以下两种：

(1)在支持内存管理单元 MMU(memory manage unit)的操作系统中，可以给任务栈上下各自加入一个警戒区，一般是一个页的空间，并且设置此警戒区为不可访问，一旦有任务栈上溢出或者下溢出，那么将会导致一个硬件异常，从而可以在异常处理中捕获这个错误，并定位是哪个 task 导致的，从而做出进一步处理。

(2)在不支持 MMU 的操作系统中，我们可以在任务栈的边缘写入一个特定的初始数值，然后检测该数值是否有变化，如果数值发生了变化，则说明发生了栈溢出，因为栈的边缘被修改了。

基于当前的 Rhino 内核，因为还不支持 MMU，所以采取了第二种方法来侦测任务栈的溢出。任务栈的边缘在创建任务时被初始化成一个固定值 RHINO_TASK_STACK_OVF_MAGIC(0xdeadbeaf)。

Rhino 内核提供了一个函数 void krhino_stack_ovf_check(void)，可以用来检测当前 task 是否有栈溢出情况。如果有栈溢出的情况发生，则调用 k_err_proc()来处理。k_err_proc()会调用 BSP 注册的 g_err_proc()来处理，比如进一步打印栈，用户可以依据栈回溯内容来分析问题。

2. 栈空间检测

在编写应用程序时，一般很难知道应用程序所在 task 的精确栈空间耗费尺寸数据。为了防止栈溢出，可以在开始时把任务栈的空间分配得大一些，在程序运行以后，可以通过 Rhino 内核提供的任务栈空间剩余检测功能来查看任务实际剩余栈空间大小，以此来评估程序实际耗费的栈空间大小，然后再调整任务栈空间的大小。相关函数如下。

检测任务栈空间历史最小剩余：

```
kstat_t krhino_task_stack_min_free(ktask_t *task, size_t *free)
```

检测当前时刻，任务栈空间剩余大小：

```
kstat_t krhino_task_stack_cur_free(ktask_t *task, size_t *free)
```

获取任务的调度机制：

```
kstat_t krhino_sched_policy_get(ktask_t * task, uint8_t * policy)
```

获取任务关联的信息：

```
kstat_t krhino_task_info_get(ktask_t * task, size_t idx, void * * info)
```

2.2.6　任务执行控制

任务执行控制主要包括任务睡眠、任务避让、任务悬起、任务继续、任务强行放弃等待。下面对每个任务执行控制分别加以阐述。

(1)任务睡眠:kstat_t krhino_task_sleep(tick_t ticks)。

将当前任务推迟一些时间再继续执行。这个函数会将当前 task 从 ready queue 中删除,并插入 g_tick_head 队列,当给定的时间过去了,如果没有其他更高优先级的任务需要处理,则继续执行被推迟的 task。注意,g_tick_head 是一个任务队列,被延迟的任务将按照延迟时间长短插入到该队列中。当系统 tick 往前走时,系统将查询该队列中的任务,并唤醒那些延时到期的任务。

(2)任务避让:kstat_t krhino_task_yield(void)。

将当前 task 从 ready queue 中取出,并重新排入 ready queue 的尾部,目的是让当前 task 让出 CPU,让其他 task 得到执行。

(3)任务悬起:kstat_t task_suspend(ktask_t * task)。

将当前 task 悬起。悬起当前 task 后,OS 将调度新的 task 继续执行。

(4)任务继续:kstat_t task_resume(ktask_t * task)。

将悬起的任务插入 ready queue 队列,且将任务状态改为 RDY。

(5)任务强行放弃等待:kstat_t krhino_task_wait_abort(ktask_t * task)。

将处于等待状态(包含 SLEEP、SLEEP_SUSPENDED、PEND、PEND_SUSPENDED)的任务从相应等待资源队列中删除,并插入 ready queue 的尾部,标记 task 的状态为 RDY。如果目标任务正在睡眠,那么可以使用此功能使目标 task 立即苏醒;如果目标任务正在等待某个信号量或者消息且处于 PEND 状态,那么此函数可以立即解锁目标 task,且恢复执行,但这样有可能破坏之前由信号量保护的临界区。这种方法要慎用,除非你非常清楚此功能会带来的逻辑问题。

2.2.7　调度机制的控制

Rhino 内核支持两种内核调度机制:基于优先级的抢占模式和 Round-Robin 模式。当调度模式为基于优先级的抢占模式时,是不能动态调整任务的调度机制的,即一旦系统设定为此模式,那么系统将一直运行此调度模式,无法改变。

当调度模式为 Round-Robin 模式时,则可以动态地设定某一个 task 脱离时间片分片的机制，即如果此 task 获得 CPU 后，可以一直运行指令不受时间片的影响，除非有更高优先级 task 就绪或者被某些资源阻塞。注意，这里的调整也只针对某一个单一 task，系统整体调度机制没有发生改变。

设定某个 task 的调度机制的接口函数是：

```
kstat_t krhino_sched_policy_set(ktask_t * task, uint8_t policy)
```

2.3 工作队列(work queue)

2.3.1 概念

在一个操作系统中，如果要进行一项工作处理，往往需要创建一个任务来加入内核的调度队列。一个任务对应一个处理函数，如果要进行不同的事务处理，则需要创建多个不同的任务。任务作为 CPU 调度的基础单元，数量越大，则调度成本越高。work queue 机制简化了基本的任务创建和处理机制，一个 work 实体对应一个实体 task 的处理，work queue 下面可以挂接多个 work 实体，每一个 work 实体都能对应不同的处理接口，即用户只需要创建一个 work queue，就可以完成多个挂接不同处理函数的 work queue。

当某些实时性要求较高的任务中，需要进行较繁重钩子(hook)处理时，可以将其处理函数挂接在 work queue 中，其执行过程将位于 work queue 的上下文，而不会占用原有任务的处理资源。

另外，work queue 还提供了 work 的延时处理机制，用户可以选择立即执行或是延时处理。

由上可见，在需要创建大量实时性要求不高的任务时，可以使用 work queue 来统一调度；或者将任务中实时性要求不高的部分处理延后到 work queue 中处理。如果需要设置延后处理，则需要使用 work 机制，即用户在创建 work 时需指定 work 的延迟执行时间。work 机制不支持周期 work 的处理。

2.3.2 work queue 机制原理

work queue 的处理依赖于 task。一个 work queue 会创建关联其对应的 task，一个 work queue 会挂载多个 work 处理，每个 work 处理对应一个处理函数。当 work queue 得到调度，即其关联的 task 得到运行，在每次 task 的调度期间，都会从 work queue 中按照先后顺序取出一个 work 来进行处理。下面是 work queue 的基本数据结构，具体数据结构对应实际代码。

参考 kworkqueue_t 的结构体定义：

```
typedef struct {
    klist_t         workqueue_node;      /* 挂载 workqueue 列表 */
    klist_t         work_list;           /* workqueue 下挂载的 work 列表 */
    kwork_t         *work_current;       /* current work ,正在被处理的 work */
    const name_t *name;
    ktask_t         worker;              /* workqueue 关联并创建的任务 */
    ksem_t          sem;                 /* workqueue 创建并阻塞执行的信号量 */
} kworkqueue_t;
```

1. work queue 的初始化

初始化函数:void workqueue_init(void)

该函数首先初始化名为 g_workqueue_list_head 的工作队列链表,该链表将挂接所有的 workqueue。同时还通过 krhino_workqueue_create 接口创建了一个默认的工作队列g_workqueue_default。

2. work queue 的创建

函数原型:kstat_t krhino_workqueue_create(kworkqueue_t *workqueue, const name_t *name, uint8_t pri, cpu_stack_t *stack_buf, size_t stack_size)

可以看到,work queue 的创建除了基本的管理结构和 name 外,还需要优先级、栈起始和栈大小。这三个参数用来在 work queue 内部创建对应的调度任务。另外,该函数还创建了一个信号量 sem,初始信号值为 0。

该任务将会循环获取此 sem 信号量,当获取不到时,则该任务永久阻塞;一旦获取信号量,就从 work queue 中取出一个 work 来进行处理。

2.3.3 work 的创建与触发

1. work 的创建

work 创建函数原型:kstat_t krhino_work_init(kwork_t *work, work_handle_t handle, void *arg, tick_t dly)

此函数用例创建一个 work 单元,参数包含处理函数钩子,处理参数,dly 表示该 work 是否需要延时处理。

该接口首先初始化了 work 内基本的数据结构。当 dly 大于 0 时,为了 work 的延迟执行,还需要创建一个时长为 dly 的定时器。

2. work 的触发

work 触发函数原型:kstat_t krhino_work_run(kworkqueue_t *workqueue, kwork_t *work)

该函数的目的是将某个 work 推送到一个 work queue 中,并且通过释放 workqueue

阻塞的信号量来触发 work 的调度处理。每释放一次信号量，处理一个 work。

如果 work 在创建时，设置的是延迟处理，则启动对应的定时器，将 work 和 work queue 句柄传给定时器的处理函数并启动定时器。在定时器处理函数中再将 work 和 work queue 挂接，并触发处理机制。

3. work queue 资源释放

work queue 的资源释放：kstat_t krhino_workqueue_del(kworkqueue_t * workqueue)

该函数首先判断当前 work queue 中是否存在待处理 work，如果存在，则释放失败；释放资源包括 work queue 关联任务、信号量，并将自身从 g_workqueue_list_head 队列中删除。

work 的资源释放：kstat_t krhino_work_cancel(kwork_t * work)

如果 work 从未和 work queue 关联，则只需要释放 work－>dly>0 时所创建的定时器；否则，判断该 work 是否正在被处理(wq－>work_current == work)，或者待处理(work－>work_exit == 1)，如果都不是，则从 work queue 队列中删除该 work。

2.3.4 work queue 使用样例

work queue 一般按照下述方式来使用：

(1)进行模块的初始化，可以直接调用 workqueue_init，生成一个默认的 workqueue，对应的处理优先级为 RHINO_CONFIG_WORKQUEUE_TASK_PRIO。

用户还可以调用 krhino_workqueue_create 来创建一个自己的 work queue，可以直接参考 workqueue_init 的实现：

```
krhino_workqueue_create(&g_workqueue_default, "DEFAULT-WORKQUEUE",
                        RHINO_CONFIG_WORKQUEUE_TASK_PRIO,
                        g_workqueue_stack,
                        RHINO_CONFIG_WORKQUEUE_STACK_SIZE);
```

其中，g_workqueue_default 为队列结构体，“DEFAULT-WORKQUEUE”为任意名字，RHINO_CONFIG_WORKQUEUE_TASK_PRIO 为处理优先级，g_workqueue_stack 为栈起始地址，RHINO_CONFIG_WORKQUEUE_STACK_SIZE 为栈大小。

(2)work 创建、触发示例。

```
ret = krhino_work_init(&work0, work0_func, "WORK 0", 0); /* 初始化一个 work，传入参数分别为 work 结构体指针、处理函数、处理函数参数以及是否延时处理 */
   krhino_work_run(&g_workqueue_default, &work0);/* 将 work 推送到 workqueue 队列，并且触发 workqueue 处理，参数分别为 workqueue 的指针变量，work 的指针变量 */
```

对于 krhino_work_init 函数，用户需要执行的处理函数和入参，通过参数 2 和 3 传入。如果需要延时执行，则参数 4 传入延时 tick 数。

krhino_work_run 会将 work 推送到 work queue，并通过触发信号量来触发，如果 krhino_work_init 设置了延时触发，则通过启动对应的定时器来执行上述触发流程。每触发一次 work 都需要调用一次 krhino_work_run，work 被触发后，立即从 work queue 中删除。

(3)work queue 和 work 的删除。

```
ret = krhino_work_cancel(&work0);
ret = krhino_workqueue_del(&g_workqueue_default);
```

删除 work 前，要确保 work 没有正在或将要被 work queue 执行，否则会返回错误；

删除 work queue 需要确保没有待处理或正在处理的 work，否则会返回错误。

2.4 系统时钟(system tick)

在操作系统中，我们常常需要延时或者周期性的操作，比如任务的延时调度、周期性的触发等。基于对时钟精确的要求，每个运行的 CPU 平台都会提供相应的硬件定时机制。本节和下一节将主要介绍基于硬件定时机制的系统时钟和定时器(timer)原理。

2.4.1 基本概念

首先简要介绍硬件的定时机制。目前 CPU 提供的定时机制主要归结为以下两类(见图 2-3)。

(1)倒计数模式：硬件定时器提供一个 count 寄存器，设定其初始值后，随着定时时钟的频率计数递减，递减频率即为定时器频率。当计数值为 0 时，定时结束，触发对应的定时处理，一般为挂载的中断处理。如果是周期模式，可以设置其每次计数为 0 后自动复位 count 到起始计数值(一般也通过寄存器设置)，以此来设置触发周期。

(2)正计数模式：硬件定时器提供两个基本的寄存器——count 寄存器和 compare 寄存器。count 寄存器，随着时钟频率计数递增，递增频率即为定时器频率。当其达到 compare 设定的值后，即触发对应的定时处理。如果是周期模式，则需要按照时钟频率和延时周期来设置后续的 compare 值，即在上一次的定时处理内，设置下一次的 compare 寄存器。

上述两种模式具体参考所使用的 CPU 平台手册。

系统 tick 本质就是基于 CPU 的硬件定时机制所设置的一个基础硬件定时器。对于硬件底层而言，tick 规定了定时器的循环触发周期；而对于操作系统来讲，tick 提供了系统调度需要的最小基本定时单元。例如，在任务中需要进行延时操作，可以以 tick 为单位，每个 tick 占用的具体时间单元是用户可配置的。具体配置方式在下一节介绍。

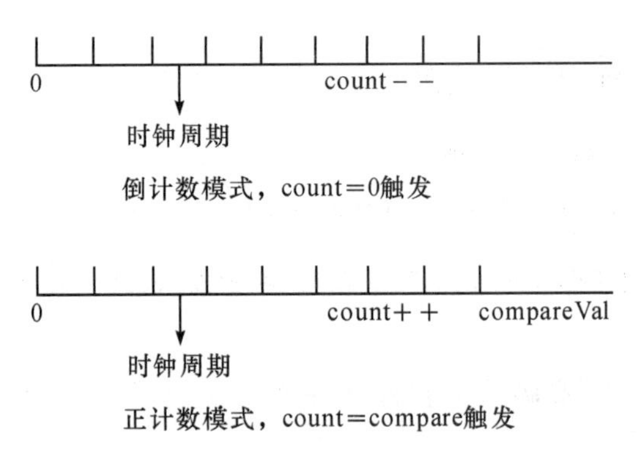

图2-3 倒计数模式和正计数模式的 CPU 定时机制

不论哪种模式，都可以实现周期性的定时器功能。系统 tick 就是基于此定时功能，产生固定周期的一个调度定时单元。一般设定每秒 100 个 tick，则每个 tick 代表 10ms，系统中每延时一个 tick 单元，代表延时 10ms。

2.4.2 内核系统时钟的基本配置

Rhino 中使用 tick 时需要进行两项基本的配置，一项是 tick 周期配置，另一项是 tick 处理函数配置。这两项配置也是操作系统在不同系统移植中的必处理项。

对于 tick 周期配置，一般用 k_config.h 的宏 RHINO_CONFIG_TICKS_PER_SECOND 来配置，用户可以通过该宏来设置每秒的 tick 数。由前面的基础概念可知，定时器是由硬件定时器触发的，如果操作系统希望 10ms 能产生一次定时触发，则必须将 10ms 转换为定时器的 cycle 间隔值，并将此 cycle 间隔值按照实际倒计数或正计数模式来配置定时器的相关寄存器。

定时器的 cycle 间隔值＝tick 周期×硬件定时器频率

配置定时器的 cycle 间隔功能一般由相关 CPU 的 sdk 驱动提供，不同 CPU 的配置方式略有差别。

系统 tick 的处理函数指的是每次 tick 周期触发时，操作系统需要进行的处理。Rhino 提供了一个统一的 tick 函数入口 krhino_tick_proc()，一般将此函数加入 tick 定时器中断处理函数，该中断处理函数不同，CPU 也不同，但是它们都会调用 krhino_tick_proc 接口，以此来达到屏蔽硬件差异的目的。tick 处理的细节会在后面进一步介绍。

以本书配套的 STM 系列开发板为例，可以通过 HAL_SYSTICK_Config 接口配置定时器的触发周期：

```
/ * Configure the Systick interrupt time * /
HAL_SYSTICK_Config(HAL_RCC_GetHCLKFreq()/RHINO_CONFIG_TICKS_PER_SECOND);


在 SysTick_Handler 该 sdk 钩子内调用操作系统的 tick 调度函数 krhino_tick_proc:
void SysTick_Handler(void)
{
    HAL_IncTick();
    krhino_intrpt_enter();
    krhino_tick_proc();
    krhino_intrpt_exit();
}
```

2.4.3　系统时钟的调度处理

系统 tick 的调度处理对象主要是针对任务的。任务相关的内容可以参看任务章节，此处着重说明 tick 处理对任务调度的影响。目前主要包括两个方面：延时任务处理和 Round-Robin 调度触发。

被延时调度的任务都会被放入一个延时队列 g_tick_head 中。任务被延时调度的原因主要有以下两种。

(1)任务主动延时：通过调用 krhino_task_sleep(tick_t ticks)函数可以暂时释放当前任务的 CPU 资源，将当前任务临时加入 g_tick_head 队列，并切换到其他任务。此函数会将 task 延时 ticks 时间，当 ticks 时间到了之后，tick 处理需要将此任务重新拉去放回 ready 队列。这种情况下的主要处理流程如图 2-4 所示。

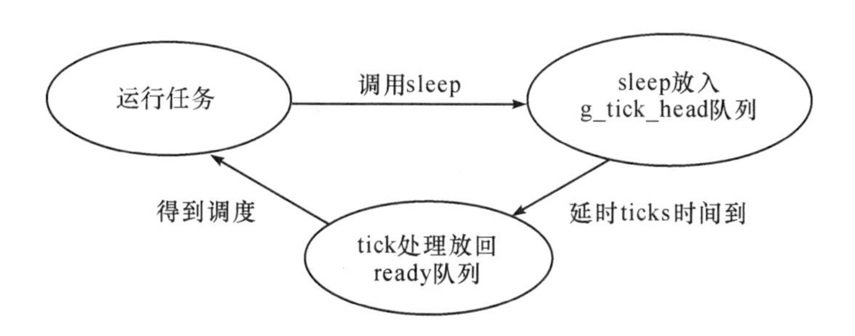

图 2-4　任务主动延时情况下处理流程

(2)等待资源暂时释放：任务需要等待共享资源如信号量、互斥锁(mutex)等，如果暂时无法获取此共享资源，则操作系统会将该任务放入该资源的阻塞队列。如果设置了等待超时时间，则该任务就被放入 g_tick_head 队列，如果在设置的超时时间内还未获取到共享资源，则 tick 处理会将该任务从 g_tick_head 队列中取出，并将任务状态设置为超时，超时的状态会通过接口返回给调用者。如果在超时时间内，获取到共享资源，则在获取到资源的流程里，将该任务从 g_tick_head 队列中直接删除，并设置回到正常状态（见图 2-5）。

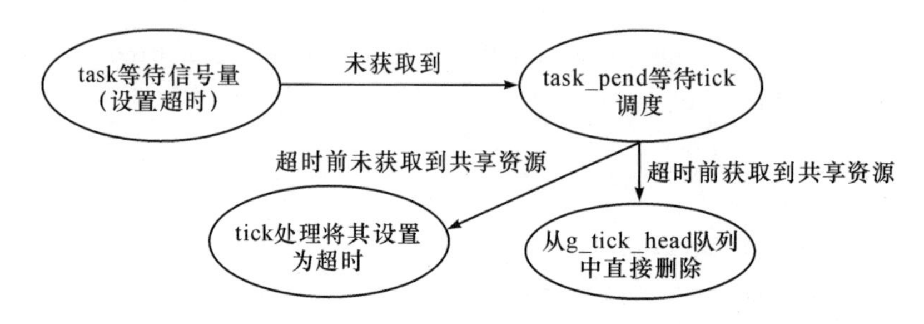

图 2-5　等待资源暂时释放情况下处理流程

如本章前面部分所述，Round-Robin 是一种基于时间片的调度，通过设置任务的最大占用时间片上限，实现同优先级的任务间 CPU 资源共享。而这个时间片就是以系统时钟 tick 的周期为单位。

任务能够基于 Round-Robin 调度，需要有两个前提条件：

①RR 调用宏 RHINO_CONFIG_SCHED_RR 打开；

②任务创建时的调度策略需要设置为 KSCHED_RR。

任务创建时，需要设置最大执行 tick 数，一旦开启了宏 RHINO_CONFIG_SCHED_RR，默认设置时长为 RHINO_CONFIG_TIME_SLICE_DEFAULT。

Round-Robin 调度能够避免某一个任务长期一直占用 CPU 资源。需要注意的是，此调度策略只是将运行到上限 tick 数的任务放回到同优先级的任务 ready 队列尾部待执行，因此只能针对当前同优先级的任务进行 CPU 资源的切换。

其基于 tick 的调度流程框图如图 2-6 所示。

2.4.4　tick 模块使用

tick 模块性质属于操作系统内部模块，用户不需要通过特定的接口去初始化、修改其配置。在芯片移植过程中，按照上述章节所介绍的，需要设置 tick 周期以及挂载 tick 的中断处理钩子函数。此外，tick 提供了几个维护测试接口用来获取基本的 tick 信息。调用接口的具体函数格式及其简单说明如下。

函数名：sys_time_t krhino_sys_tick_get(void)

此接口返回从 tick 处理开始执行，到当前为止程序所运行的 tick 计数。

函数名：sys_time_t krhino_sys_time_get(void)

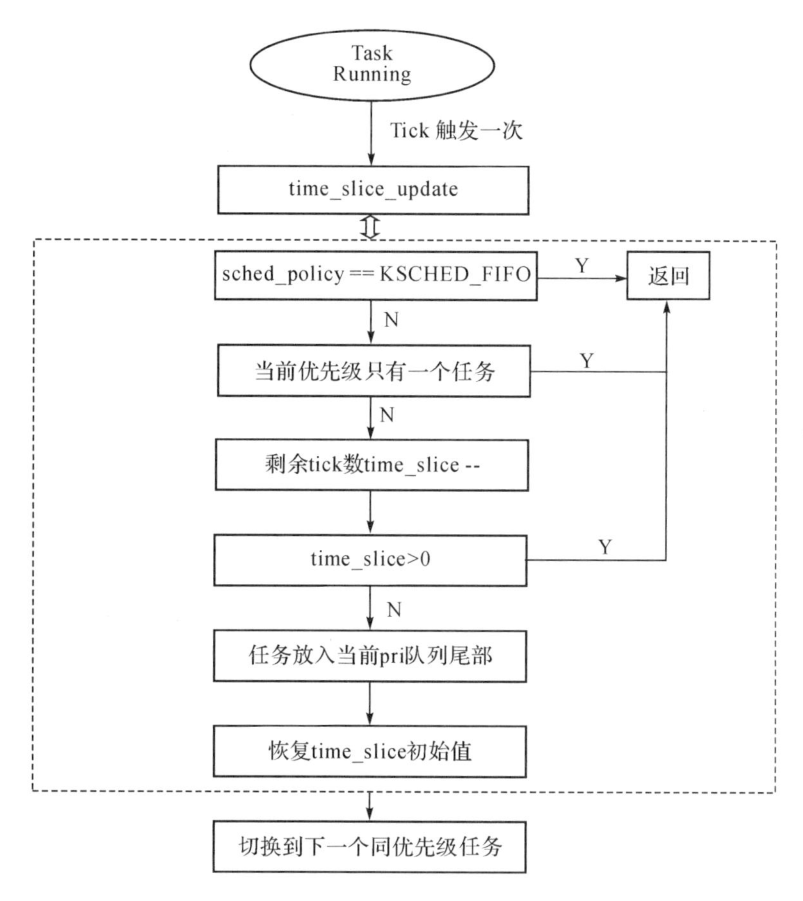

图 2-6 基于 tick 的调度流程框图

此接口返回从 tick 处理开始执行,到当前为止程序所运行的 ms 数。

函数名:tick_t krhino_ms_to_ticks(sys_time_t ms)

此接口将当前 ms 数转换为 tick 计数。

函数名:sys_time_t krhino_ticks_to_ms(tick_t ticks)

此接口将当前 tick 计数转换为 ms 值。

2.5 定时器(timer)

2.5.1 基本概念

tick 一般是作为任务延迟调度的内部机制,其接口主要为系统内部使用。对于使用操作系统的应用软件,也需要定时触发相关功能的接口,包括单次定时器和周期定时器。从用户层面来讲,用户不关注底层 CPU 的定时机制以及 tick 的调度,他们希望的定时器接口是可以创建和使能一个软件接口定时器,时间到了之后,用户的钩子函数能被执行。而对于操作系统的定时器本身来讲，也需要屏蔽底层定时模块的差异。因此，在软件层面上，对于定时器硬件相关的操作由 tick 模块完成，定时器模块基于 tick 作为最基本的时间调度单元，即最小时间周期，来推动自身时间轴的运行。

Rhino 提供基本的软件定时器功能，包括定时器的创建、删除、运行，以及单次和周期定时器。

2.5.2 定时器的实现原理

操作系统需要完成定时器的两个功能：一个是定时器的管理；另一个是定时器的运行。

1. 定时器的管理

定时器的管理主要包括定时器的创建、删除、启动、停止以及参数变更。在多任务系统中，对于共享资源，比如同一个定时器的操作都需要保证互斥，这就需要操作系统在管理定时器时增加关中断或者加锁操作。本操作系统通过命令 buffer 缓冲的方式实现了定时器管理的免锁机制，提高了管理和运行效率。其实现机制是使用操作系统本身的 buf_queue 机制，集成在定时器管理中的处理机制可以参看图 2-7。

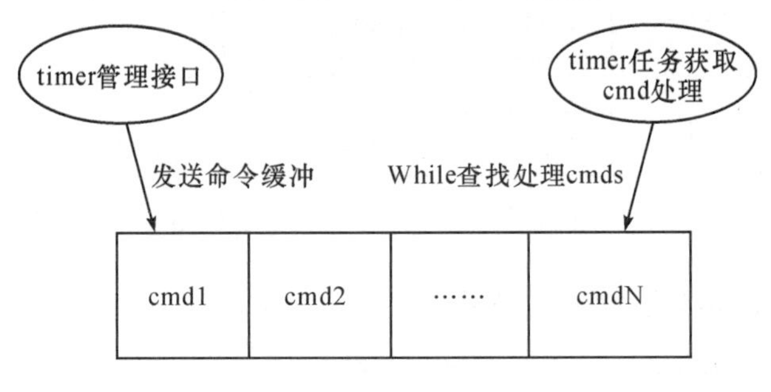

图 2-7　定时器的管理机制

定时器管理接口如创建或者删除定时器接口被调用后，向命令 buffer 写入命令，设置需要配置的定时器、参数相关信息。timer 任务循环从命令 buffer 中读取信息处理。

2. 定时器的运行

timer 任务除了处理管理命令外，还需要进行当前所有已运行定时器的实时调度。所有正在运行的 timer 都会被挂接在 g_timer_head 队列，timer 任务循环从 g_timer_head中取出时间最近一次的定时器，通过当前 tick 计数和该定时器的超时 tick 数来判断是否到定时时间，如果该定时器触发时间已到，则立即执行其处理函数；否则代表最近一次的定时器触发时间尚未到来，则在此段尚未到达时间之内，继续从命令 buffer 中收取消息，直到定时器触发时间到来后，再立即执行定时器处理函数。

上述流程在 g_timer_head 中有待处理定时器时才会进入，如果没有待处理定时器，定时器任务将只会进入定时器管理循环中。

2.5.3 定时器模块初始化

使用 timer 模块，首先需要确保 k_config.h 中宏 RHINO_CONFIG_TIMER 已打开。其模块初始化函数只有一个接口：void ktimer_init(void)，此接口主要完成以下三个工作：

(1)初始化 timer 队列 g_timer_head；

(2)初始化 timer 定时器管理 buffer 队列 g_timer_queue；

(3)创建定时器基本处理任务 g_timer_task。

2.5.4 定时器基本接口

1. 定时器创建

静态创建函数原型：

```
kstat_t krhino_timer_create(ktimer_t * timer, const name_t * name, timer_cb_t cb,
                            sys_time_t first, sys_time_t round, void * arg, uint8_t auto_run)
```

其中的主要参数意义分别为：

timer：用户传入定时器管理句柄；

cb：定时器处理钩子；

first：第一次延时时间；

round：后续周期定时时间；

auto_run：是否立即运行，不需要另外调用 start。

动态创建函数原型：

```
kstat_t krhino_timer_dyn_create(ktimer_t * * timer, const name_t * name,timer_
cb_t cb, sys_time_t first, sys_time_t round, void * arg, uint8_t auto_run)
```

其与静态创建函数的主要区别在于 timer 是出参，内存不需要用户指定，由内部申请返回。

定时器基本接口的代码样例及其简单说明如下所示：

```
ret = krhino_timer_create(&g_timer, "g_timer", timer_handler, 1, 0, NULL, 0);
```

上述样例表示创建名字为 g_timer 的单次定时器，定时时间为 1 个 tick。

```
ret = krhino_timer_create(&g_timer, "g_timer", timer_handler, 1, 10, NULL, 0);
```

上述样例表示创建名字为 g_timer 的周期定时器，首次定时时间为 1 个 tick，后续定时周期为 10 个 tick。

```
ret = krhino_timer_create(&g_timer, "g_timer", timer_handler, 1, 10, NULL, 1);
```

上述样例表示创建名字为 g_timer 的周期定时器，首次定时时间为 1 个 tick，后续定时周期为 10 个 tick，并且立即执行，不需要额外调用 start。

2. 定时器删除

静态删除函数原型：

```
kstat_t krhino_timer_del(ktimer_t *timer)
```

动态删除函数原型：

```
kstat_t krhino_timer_dyn_del(ktimer_t *timer)
```

krhino_timer_del 只能释放 krhino_timer_create 创建的定时器；krhino_timer_dyn_del 只能释放 krhino_timer_dyn_create 创建的定时器。动态删除接口会释放 timer 内存。

3. 定时器启动和停止

启动接口：

```
kstat_t krhino_timer_start(ktimer_t *timer)
```

停止接口：

```
kstat_t krhino_timer_stop(ktimer_t *timer)
```

除了在 start 阶段设置 timer 为自动启动外，其他定时器都需要调用 krhino_timer_start 来运行 timer，并将该定时器加入 g_timer_head 队列；同理，krhino_timer_stop 会将其从g_timer_head队列中删除。

4. 参数变更接口

定时时长变更接口：

```
kstat_t krhino_timer_change(ktimer_t *timer, sys_time_t first, sys_time_t
round)
```

此接口允许修改初次和周期定时时长。

接口限制：需要在定时器处于未启动状态时才能修改。

参数变更接口：

```
kstat_t krhino_timer_arg_change(ktimer_t *timer, void *arg)
```

此函数修改定时器触发时，传入钩子函数的参数。

接口限制：需要在定时器处于未启动状态时才能修改。

自动参数变更接口：

```
kstat_t krhino_timer_arg_change_auto(ktimer_t *timer, void *arg)
```

此接口会完成定时器停止、参数修改、重新启动等一连串动作。

5. 总结

一般来说，tick 负责内部任务的调度，因此是内核模块的必选项；timer 是基于 tick 单元虚拟的软件定时器模块，如果用户不使用此模块，可以修改对应 k_config. h 的宏 RHINO_CONFIG_TIMER。此模块提供了定时器基本的创建、启动、停止、删除等功能，使用时请按照上面的接口限制来正确使用。

2.6 信号量(semaphore)

2.6.1 概念

对于多任务甚至多核的操作系统，需要访问共同的系统资源。共同的系统资源包括软件共享资源和硬件共享资源。软件共享资源主要是共享内存，包括共享变量、共享队列等；硬件共享资源包括一些硬件设备的访问，如输入/输出设备、打印机等。为了避免软件访问共享资源的读写发生相互影响甚至冲突，一般在保护共享资源时，有下列几种处理方式：开关中断、信号量(semaphore)、互斥量(mutex)、锁(lock)。

(1)开关中断：一般用于单核内多任务之间的互斥，其途径在于关闭任务的调度切换，从而达到单任务访问共享资源的目的，其缺点是会影响实际的中断调度效率。

(2)信号量：多任务可以通过获取信号量来获取访问共享资源的“门禁”，可以配置信号量数目，让多个任务同时获取“门禁”，当信号量无法获取时，相关任务会按照优先级排序等待信号量释放，并让出 CPU 资源；其缺点是存在高低任务优先级反转的问题。这一内容我们将在本节后续讨论。

(3)互斥量：任务也可以通过获取 mutex 来获取访问共享资源的门禁，但是单次只有一个任务能获取到该互斥量。互斥量通过动态调整任务的优先级来解决高低优先级反转的问题。具体我们将在下一节讨论。

(4)锁：又分为自旋锁、读写锁等，目的也是通过实现同时只有一个任务或者单核在使用共享资源。它和信号量/互斥量最大的区别在于，CPU 在加锁阶段一直处于休眠或者空操作阶段，不进行其他空闲任务的切换。

本节主要介绍信号量。

2.6.2 信号量与任务状态关系

任务(task)一节描述了任务的状态切换机制，此处着重描述信号量的操作对任务状态的影响。当调用 krhino_sem_take()时，若信号量已被占用，任务将由 RDY 状态进入 PEND 状态；当 krhino_sem_give/take 超时情况下，任务将由 PEND 状态进入 RDY 状态；当任务为 PEND 状态时，若有其他任务调用 krhino_task_suspend()，任务将由 PEND 状态进入 PEND_SUSPENDED 状态；当任务为 PEND_SUSPENDED 时，若有其他任务调用 krhino_task_resume()，任务将由 PEND_SUSPENDED 状态进入 PEND 状态，如图 2-8 所示。

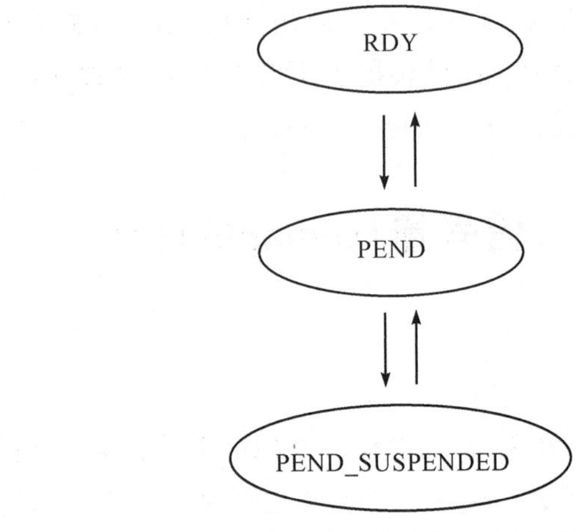

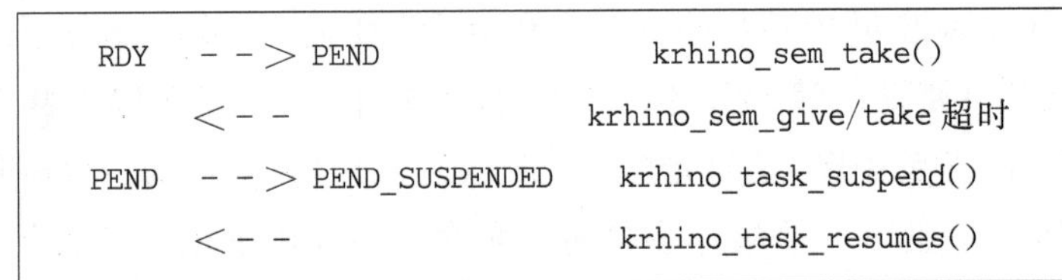

图 2-8 信号量与任务状态关系

2.6.3 信号量的操作

1. sem 创建

(1)静态创建：

```
kstat_t krhino_sem_create(ksem_t * sem, const name_t * name, sem_count_t count)
```

sem 占用的内存由使用者直接传入，不在内部申请内存。

(2)动态创建：

```
kstat_t krhino_sem_dyn_create(ksem_t * * sem, const name_t * name, sem_count_t count)
```

sem 占用的内存在创建接口内部通过 krhino_mm_alloc 申请。

创建时设定 sem 的 name 来进行标识，并设置信号量的初始值。信号量的阻塞队列按照优先级排序管理。如果要修改信号量的 count 计数，可以通过 krhino_sem_count_set 来设置，通过 krhino_sem_count_get 来获取当前 count 值。

2. sem 删除

(1)静态删除：

```
kstat_t krhino_sem_del(ksem_t * sem, const name_t * name, sem_count_t count)
```

(2)动态删除：

```
kstat_t krhino_sem_dyn_del(ksem_t * * sem, const name_t * name, sem_count_t count)
```

两者的区别在于动态删除需要释放 sem 占用的内存，其他处理并无差别。

sem 删除主要包含以下两个动作：

(1)从 sem 阻塞队列中恢复之前被 pend 的任务，涉及两种任务状态的切换：

PEND ——> READY

PEND_SUSPENDED ——> SUSPENDED

(2)将被 pend 的任务从 tick 延迟队列中删除，主要是针对获取信号量时设置了延迟时间的任务。

2.6.4 信号量的获取与释放

1. sem 获取

函数原型：kstat_t krhino_sem_take(ksem_t * sem, tick_t ticks)

信号量的获取分为以下四种情况：

(1)成功获取：信号量的 count 计数大于 0，表示未完全占用，返回 take 信号量成功。

(2)非等待获取：ticks 设置为 RHINO_NO_WAIT，表明当前如果无法获取信号量，直接返回错误 RHINO_NO_PEND_WAIT。

(3)设置最大等待时间：ticks 设置为非 0、非全 F 有效值，当前任务会被加入 tick 的延时队列，当达到延时时间后，如果任务还被阻塞，返回超时 RHINO_BLK_TIMEOUT。

(4)无限等待：ticks 设置为全 F，则该任务会永久等待此信号量。除非使用信号量删除接口 krhino_sem_del，或者强制任务调度接口 krhino_task_wait_abort。

2. sem 释放

释放接口包括唤醒单个任务和唤醒所有任务：

```
kstat_t krhino_sem_give(ksem_t * sem)
kstat_t krhino_sem_give_all(ksem_t * sem)
```

kstat_t krhino_sem_give 只会将当前阻塞在此信号量的最高优先级任务恢复；

kstat_t krhino_sem_give_all 会将阻塞在此信号量的所有任务恢复。

恢复过程分为以下几个步骤：

(1)如果当前 sem 没有任务阻塞，则信号量计数 count++，并返回成功；

(2)否则选择唤醒单个或者多个优先级任务；

(3)将唤醒任务从 tick 延时队列中删除。

2.6.5 使用例程

信号量的创建跟销毁测试代码原型如下，这是一个功能性的测试用例：

```
CASE(test_task_comm, aos_1_015)
{
    kstat_t ret = RHINO_SUCCESS;

    ret = krhino_sem_create(&g_sem, "g_sem", 0);
    ASSERT_EQ(ret, RHINO_SUCCESS);

    ret = krhino_sem_is_valid(&g_sem);
    ASSERT_EQ(ret, RHINO_SUCCESS);

    ret = krhino_sem_take(&g_sem, RHINO_CONFIG_TICKS_PER_SECOND);
    ASSERT_EQ(ret, RHINO_BLK_TIMEOUT);

    ret = krhino_sem_give(&g_sem);
    ASSERT_EQ(ret, RHINO_SUCCESS);

    ret = krhino_sem_take(&g_sem, RHINO_CONFIG_NEXT_INTRPT_TICKS);
    ASSERT_EQ(ret, RHINO_SUCCESS);

    ret = krhino_sem_del(&g_sem);
    ASSERT_EQ(ret, RHINO_SUCCESS);
}
```

使用信号量任务同步的测试代码原型如下，这是一个稳定性的测试用例：

```
CASE(test_task_comm, aos_1_016)
{
    kstat_t ret = RHINO_SUCCESS;
    char task_name[10] = {0};
    unsigned int task_count = 4;
    int i = 0;
```

```
    ASSERT_TRUE(task_count % 2 == 0);

    ret = krhino_sem_create(&g_sem, "g_sem", 1);
    ASSERT_EQ(ret, RHINO_SUCCESS);

    g_var0 = 0;
    g_var1 = 0;
    for(i = 0; i<task_count; i++) {
        sprintf(task_name, "task%d", i + 1);
        if(i < (task_count>>1)) {
            ret = krhino_task_create(&g_task[i], task_name, NULL, 10, 50,
                                     stack_buf[i], TEST_CONFIG_STACK_SIZE, task3, 1);
            ASSERT_EQ(ret, RHINO_SUCCESS);
        }
        else {
            ret = krhino_task_create(&g_task[i], task_name, NULL, 10, 50,
                                     stack_buf[i], TEST_CONFIG_STACK_SIZE, task4, 1);
            ASSERT_EQ(ret, RHINO_SUCCESS);
        }
        krhino_task_sleep(1);
    }
    while(g_var1 < task_count) {
        krhino_task_sleep(RHINO_CONFIG_TICKS_PER_SECOND);
    }
    for(i = 0; i<task_count; i++) {
        krhino_task_del(&g_task[i]);
    }
    krhino_sem_del(&g_sem);
    ASSERT_EQ(g_var0, 0);
}
/* task: decrease g_var with sem */
static void task3(void *arg)
{
    int i = 0;
```

```
    for(i = 0; i<TEST_CONFIG_SYNC_TIMES; i++) {
        krhino_sem_take(&g_sem, RHINO_WAIT_FOREVER);
        g_var0--;
        krhino_sem_give(&g_sem);
    }
    g_var1++;
}

/* task: decrease g_var with sem */
static void task4(void *arg)
{
    int i = 0;

    for(i = 0; i<TEST_CONFIG_SYNC_TIMES; i++) {
        krhino_sem_take(&g_sem, RHINO_WAIT_FOREVER);
        g_var0++;
        krhino_sem_give(&g_sem);
    }
    g_var1++;
}
```

这两个测试用例运行情况如下：

```
_[1;33mTEST [15/29] test_task_comm.aos_1_015...

_[1;32m[OK]

_[1;33mTEST [16/29] test_task_comm.aos_1_016...

task name task1: decrease

task name task2: decrease

task name task3: increase

task name task4: increase
```

```
g_var = 0


_[1;32m[OK]
```

2.6.6　使用注意事项

1. 中断禁止信号量获取检测

信号量的获取接口在中断上下文调用时很容易发生死锁问题。当被打断的上下文和打断的中断上下文要获取同一个信号量时，会发生互相等待的情况。有些内核将这种判断处理交由上层软件进行，本内核会在 take 信号量时进行检测，如果是中断上下文，则直接返回失败。

2. 占用信号量非等待、永远等待、延时使用区别

上层应用在获取信号量时，需要按照实际的需求来安排信号量获取策略。krhino_sem_take 传入延时 ticks 为 0，获取不到信号量会立即报失败；ticks 为全 F 时，会永远在此等待，直到获取到信号量，可能会造成该任务无法继续运行；其他值标识有最大延迟的时间上限，达到上限时，即使未获取到信号量，tick 中断处理也会将任务唤醒，并返回状态为超时。

3. 信号量优先级反转问题

优先级反转是在高、中、低三个优先级任务同时访问使用信号量互斥资源时，可能出现的问题。当高优先级的任务需要的信号量被低优先级任务占用时，CPU 资源会调度给低优先级任务。此时，如果低优先级需要获取的另一个信号量被中优先级的 pend 任务所占用，那么低优先级的任务则需要等待中优先级的任务事件到来，并释放信号量，就出现了高、中优先级的任务并不是等待一个信号量，导致中优先级任务先运行的现象。

该优先级反转的缺陷，在互斥机制中得以解决，其途径在于动态提高低任务运行优先级来避免任务优先级的反转问题，详细内容参见下一节。

2.7　互斥机制(mutex)

2.7.1　概念

信号量的处理核心原则在于，如果任务能获取信号量则返回成功，如果获取不到，则任务按照优先级挂载到 sem 的 pend 列表，等待信号量释放，或者等待超时时间到自动唤醒，或者立马及时上报获取错误。

与信号量相比，mutex 的区别主要在于：

(1)mutex的获取完全互斥,即同一时刻,mutex只能被一个任务获取。sem按照起始count的配置,存在多个任务获取同一信号量的情况,直到count减为0,则后续任务无法再获取信号量,当然若sem的count初值设置为1,同样有互斥的效果。

(2)信号量的释放可以由其他任务上下文进行释放,并且可以选择释放单个任务或所有阻塞的任务;mutex的释放必须由占有该mutex的任务进行,其他任务进行释放,会直接返回失败。

(3)为了解决优先级反转问题,高优先级的任务获取mutex时,如果该mutex被某低优先级的任务占用,会动态提升该低优先级任务的优先级至等于高的优先级,并且将该优先级值依次传递给该低优先级任务依赖的互斥量关联的任务,以此递归下去。当某任务释放mutex时,会查找该任务的基础优先级,以及获取到的互斥量所阻塞的最高优先级的任务,取其优先级最小值,来重新设定此任务的优先级。总的原则就是,高优先级任务被mutex阻塞时,会将占用该mutex的低优先级任务的优先级临时提高;mutex被释放时,相应任务的优先级需要恢复。

2.7.2 互斥量的创建与删除

1. mutex创建

函数原型:kstat_t krhino_mutex_create(kmutex_t * mutex, const name_t * name)

mutex的创建默认都是静态内存方式。管理结构体kmutex_t最主要的数据成员包括:

(1)blk_obj:等待该mutex的任务队列,此处和sem阻塞队列管理类似;

(2)mutex_task:当前占用该mutex的任务;

(3)mutex_list:对挂接在占用该mutex的任务的信号量链表进行管理,任务会获取到多个mutex。

mutex创建的主要目的在于初始化kmutex_t管理结构。

2. mutex删除

函数原型:kstat_t krhino_mutex_del(kmutex_t * mutex)

删除的主要目的包括:

(1)从该互斥量的阻塞队列blk_obj里面,释放被阻塞的任务。此释放机制的处理过程和sem一样,此处不再赘述。

(2)从获取到该互斥量的任务的mutex_list列表删除此mutex。

(3)重置获取到该互斥量的任务的优先级。重置优先级参考为:该任务创建时的基础优先级b_prio,该任务获取到的剩余mutex列表所阻塞的最高优先级任务的优先级,取两者中的较高优先级。

上述步骤(2)(3)的处理在函数mutex_release中实现。

2.7.3 互斥量的获取与释放

1. mutex 获取

函数原型：kstat_t krhino_mutex_lock(kmutex_t *mutex, tick_t ticks)

某个 mutex 同时只能由一个任务占用，同任务多次获取会造成 mutex 嵌套。

获取互斥量的步骤包括：

(1)检测该 mutex 是否已经被当前任务获取，如果是，则表明进入 mutex 获取嵌套，增加嵌套次数 mutex->owner_nested，返回 RHINO_MUTEX_OWNER_NESTED。

(2)如果该互斥量未有任务占用，即 mutex->mutex_task 为 NULL，则当前任务顺利获取 mutex，并将其挂载到任务的互斥量链表 mutex_list 进行管理，并返回成功。

(3)如果当前互斥量已经被其他任务占用，且其优先级比当前 active 任务优先级低，则动态提升占用该互斥量的任务优先级等于当前 active 任务的优先级；并且递归修改其他关联任务的优先级。

(4)将当前任务放入 mutex 的阻塞队列 blk_list 进行管理，并且如果设置了超时，则加入 tick 队列 g_tick_head 等待超时处理。

(5)调用 core_sched 进行任务切换调度。

mutex 获取接口通过 ticks 来设置非等待、无限等待以及等待延迟几种模式；也可以通过调用 krhino_mutex_del 删除此 mutex，并释放被阻塞的任务；还可以通过 krhino_task_wait_abort 来强制唤醒被 mutex 阻塞的任务。这几点特性和 sem 一样，但本质的区别在于：一个是互斥，另一个是 mutex 依赖的任务优先级的动态调整。

2. mutex 释放

函数原型：kstat_t krhino_mutex_unlock(kmutex_t *mutex)

mutex 的释放只能由获取到该 mutex 的任务自己进行释放。其处理步骤包括：

(1)检测当前调用 krhino_mutex_unlock 是否为获取到该 mutex 的任务，如果不是，返回失败。

(2)检测 mutex 的占用嵌套次数 mutex->owner_nested，如果不为 0，则计数减 1，并直接返回，表明未释放成功。因此 krhino_mutex_unlock 调用次数需要和 krhino_mutex_lock 一致，才能最终释放成功。

(3)将此 mutex 从当前任务获取的 mutex_list 中删除，并且重新设置任务优先级。设置的优先级参考该任务原始创建的优先级 task->b_prio，以及剩余 mutex_list 列表中阻塞所有任务的最高优先级。

(4)从该 mutex 中取出优先级最高的一个阻塞任务并唤醒，并调用 core_sched

进行任务切换。

mutex 被释放后，原先占用的任务优先级被重新动态调整，等待此 mutex 最高优先级的任务被调度。

2.7.4 互斥量的任务优先级变迁图

任务优先级的动态调整主要出现在以下两个阶段：

(1)调用 krhino_mutex_lock 时，如果此 mutex 被另一低优先级任务占用，则此时需要提升低优先级任务的优先级至当前任务的优先级；并且此低优先级任务依赖的 mutex 所占用的另一任务的优先级也需要提升，并按此原则递归处理，如图 2-9 所示。

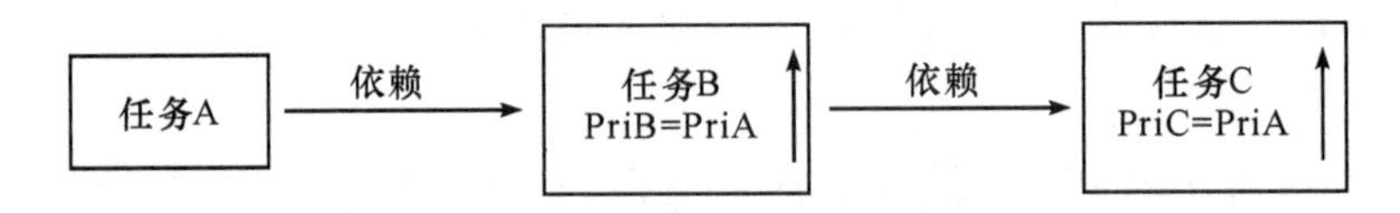

图 2-9 任务 A 获取 mutex 优先级动态调整示意图

(2)调用 krhino_mutex_unlock 时，需要恢复此任务的优先级，取值为任务创建的原始优先级和任务获取 mutex 列表所阻塞的所有任务优先级的最小值；并且递归修改拥有当前任务依赖的 mutex 的任务优先级，如图 2-10 所示。

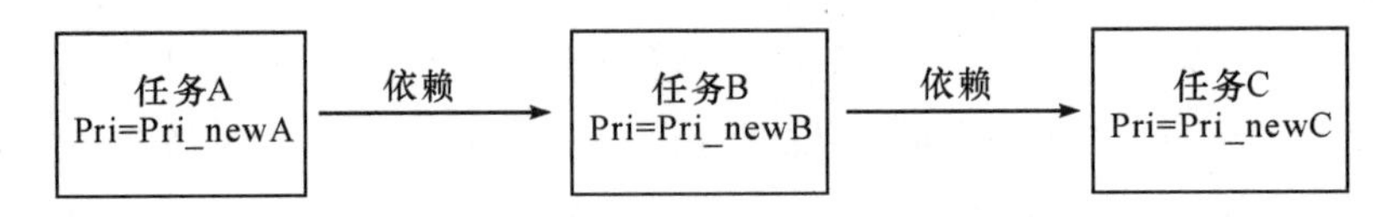

图 2-10 任务 A 释放 mutex 优先级动态调整示意图

在任务释放 mutex 时，恢复的优先级值表述为 min[b_prio, cur_blockPri]，b_prio表示该任务自身的基础优先级，cur_blockPri 表示该任务占用的所有互斥量链表 mutex_list(除去当前正在释放的 mutex)阻塞的所有任务的最高优先级，即取决于该任务占有的 mutex_list 阻塞的最高优先级的任务。此处注意，优先级的值越小，相应的优先级越高。

mutex 的原则在于，如果当前任务依赖的 mutex 被其他低优先级任务占用，则动态提升低优先级的任务的优先级，在释放 mutex 时再进行对应的还原操作，避免了优先级的反转问题。mutex 一般用在需要完全对一个共享资源进行互斥访问的情况下，即当前时刻只有一个任务能占用此 mutex。

2.8 环形缓冲池(ring buffer)

2.8.1 概念

环形缓冲池(ring buffer),也称圆形缓冲区(circular buffer)、圆形队列(circular queue)、循环缓冲区(cyclic buffer),是一种固定尺寸、头尾相连的缓冲池的数据结构,适合缓存数据流。环形缓冲池多用于两个任务之间传递数据,是标准的先入先出(FIFO)模型。

一般来说,若多任务之间共享数据需要使用互斥机制(mutex)来进行同步,以保证共享数据不会发生不可预测的修改与读取,然而互斥机制的使用也会带来额外的系统开销。环形缓冲池的引入就是为了有效解决这个问题,以提高系统资源利用率。

2.8.2 环形缓冲池的初始化与重置

1. ring buffer 初始化

函数原型:kstat_t krhino_ringbuf_init(k_ringbuf_t * p_ringbuf, void * buf, size_t len, size_t type, size_t block_size)

ring buffer 初始化需配置 ringbuf 的长度、类型、存储元素长度及在内存中实际的存储位置。其中,管理结构体 k_ringbuf_t 的主要数据成员包括:

(1)buf: ring buffer 在内存中的实际开始位置。

(2)end: ring buffer 在内存中的实际结束位置。

(3)head:存储在缓冲池中的有效数据的开始位置,即读指针。

(4)tail:存储在缓冲池中的有效数据的结尾位置,即写指针。

(5)freesize:标示缓冲池当前剩余可用空间大小。

(6)type:标示缓冲池的类型,"固定长度(RINGBUF_TYPE_FIX)"或是"可变长度(RINGBUF_TYPE_DYN)"。

(7)block_size:标示存储在缓冲池中的单个数据块长度,只针对 RINGBUF_TYPE_FIX 有效。

2. ring buffer 重置

函数原型:kstat_t krhino_ring. buf_reset(k_ringbuf_t * p_ringbuf)

ring buffer 重置会清除缓冲池中的数据块,并重置 ring buffer 的读/写指针、剩余可用空间大小。

2.8.3 环形缓冲池的写入与读取

1. ring buffer 的写入

函数原型:kstat_t krhino_ringbuf_push(k_ringbuf_t * p_ringbuf, void * data, size_t len)

ring buffer 写入的步骤主要包括:

(1)判断缓冲池是否已满,若已满,则返回 RHINO_RINGBUF_FULL 错误。

(2)判断缓冲池的剩余空间能否写入数据块,若不能,则返回 RHINO_RINGBUF_FULL 错误。

(3)重新校准缓冲池的写指针及剩余空间大小。

(4)压入数据块。

ring buffer 写入流程如图 2-11 所示。

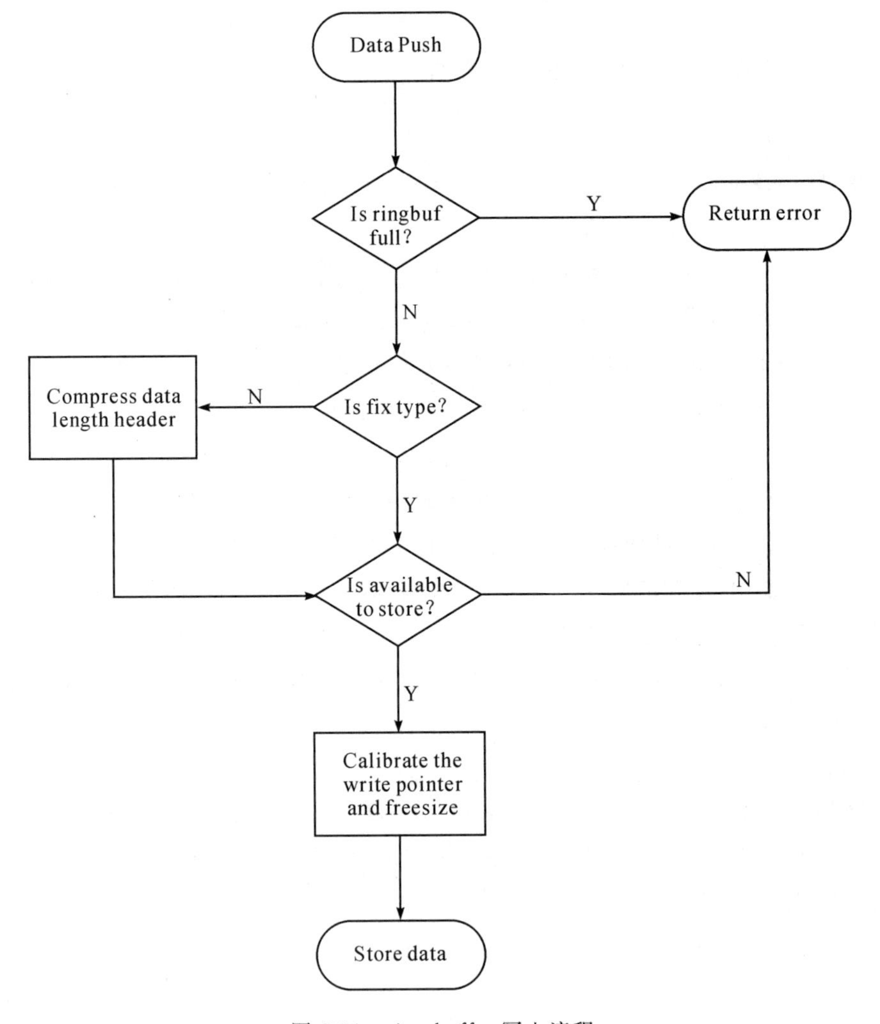

图 2-11 ring buffer 写入流程

2. ring buffer 的读取

函数原型:kstat_t krhino_ringbuf_pop(k_ringbuf_t * p_ringbuf, void * pdata, size_t * plen)

ring buffer 读取的步骤主要包括:

(1)判断缓冲池是否为空,若为空,则返回 RHINO_RINGBUF_EMPTY 错误;

(2)读取数据块;

(3)校准缓冲池读指针及剩余空间大小。

ring buffer 读取流程如图 2-12 所示。

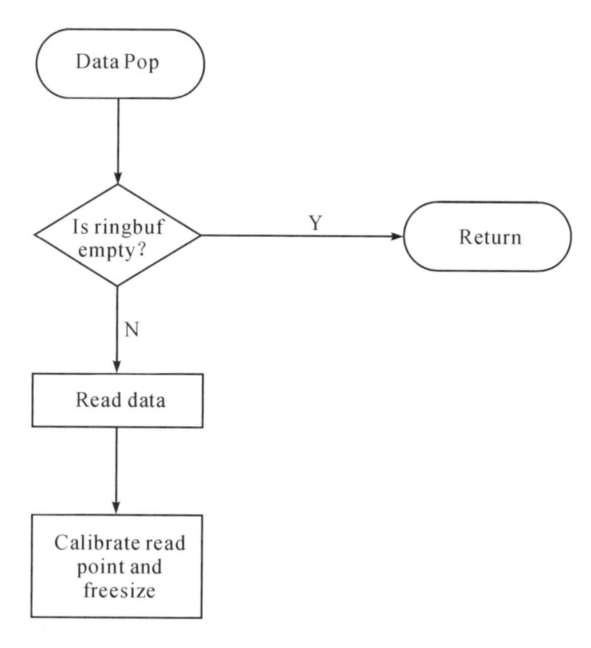

图 2-12 ring buffer 读取流程

2.8.4 环形缓冲池的容量判断

1. 判断 ring buffer 是否为空

函数原型:uint8_t krhino_ringbuf_is_empty(k_ringbuf_t * p_ringbuf)

若环形缓冲池的剩余空间大小与预设的环形缓存池长度一致,会判定此时缓存池为空。

2. 判断 ring buffer 是否已满

函数原型:uint8_t krhino_ringbuf_is_full(k_ringbuf_t * p_ringbuf)

环形缓存池是否已满的判断会区分 RINGBUF_TYPE_FIX 类型和 RINGBUF_TYPE_DYN 类型。对于 RINGBUF_TYPE_FIX 类型,若环形缓存池的剩余空间小于预设的固定数据块长度,则判定缓存池已满。对于 RINGBUF_TYPE_DYN 类型,若环形缓存区的剩余空间小于 8 字节,则判定缓存池已满。

2.9 消息队列(queue)

2.9.1 概念

在多任务系统中,任务间互相同步等待共享资源,我们一般会使用信号量,如果需要互斥,则使用互斥量。而任务间互相收发消息则可以使用消息队列。消息队列使用类似信号量的机制进行任务间的同步,并使用环形缓冲池来进行消息的队列缓冲管理,以达到任务间收发消息的阻塞和通知管理。

实现消息队列的目的在于任务间互相收发消息。一般,如果有信号量机制,用户就可以自己实现一套任务间的阻塞和通知收发功能,其本质在于接收方通过信号量的获取来开始接收消息,发送方通过信号量的释放来通知接收方处理。接收任务在无消息时被阻塞,消息到来时被唤醒处理。消息队列就是基于这样一种类信号量机制来进行消息的收发。在此基础上,进一步使用环形缓冲池的缓冲机制来缓存任务间的消息队列,就组合成了本章的消息队列,其既包含消息的缓冲队列,又包含消息的通知机制。

2.9.2 消息队列的创建与删除

(1)静态创建:kstat_t krhino_queue_create(kqueue_t * queue, const name_t * name, void * * start, size_t msg_num)。

(2)动态创建:kstat_t krhino_queue_dyn_create(kqueue_t * * queue, const name_t * name, size_t msg_num)。

queue 的创建主要是建立三种数据结构:queue 的阻塞队列 blk_obj,用于管理等待该 queue 的任务列表;queue 的消息管理 msg_q 结构,用来管理当前消息队列数量;queue 的环形缓冲池 ringbuf,用来缓存消息的指针队列。动态接口和静态接口的差异在于,krhino_queue_dyn_create 在函数内部动态申请了 queue 以及 ring buffer 需要的内存。

(3)静态删除:kstat_t krhino_queue_del(kqueue_t * queue)。

(4)动态删除:kstat_t krhino_queue_dyn_del(kqueue_t * queue)。

动态删除需要释放 queue 的 ring buffer 队列 queue->ringbuf,以及 queue 本身内存。

2.9.3 消息队列的发送和接收

消息队列从消息发送的通道上来说分为两种,消息(msg)往 ring buffer 发送以及消息直接往任务发送并唤醒任务接收。当 queue 中没有任务阻塞,即没有任务在等待接收消息时，此消息会放入 ring buffer 进行缓存；当 queue 中有任务在等待接收数据时，则消息不再往 ring buffer 缓存，而是直接唤醒阻塞任务，并将消息直接送给任务的消息数据结构task->msg。具体处理流程如图 2-13 所示。

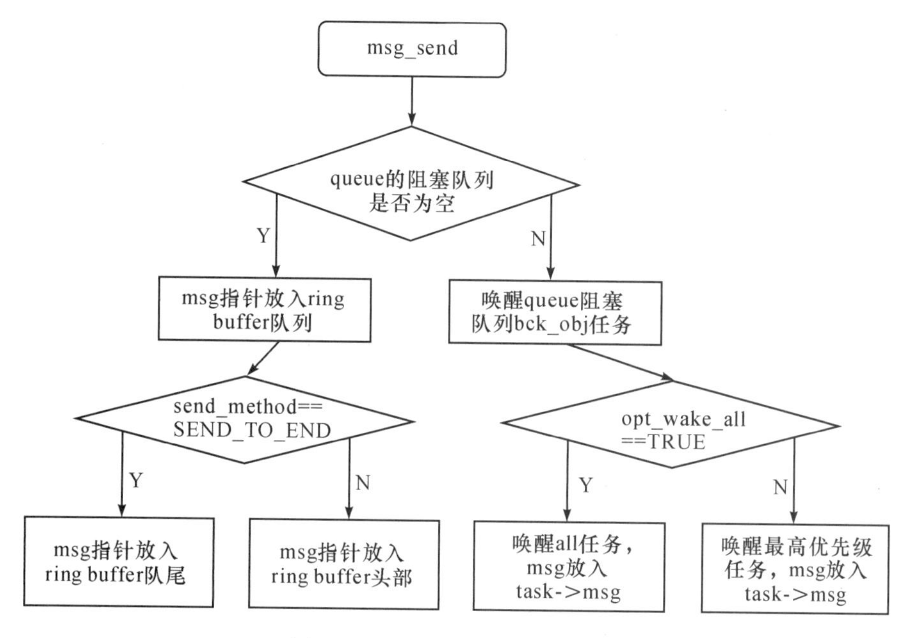

图 2-13 queue_send 的处理流程

queue 的接收和发送相对应，其函数原型：kstat_t krhino_queue_recv(kqueue_t * queue, tick_t ticks, void * * msg)，其处理流程如下：

(1)先判断 ring buffer 中有无缓冲队列需要处理，如果有，则从 ringbuf 的 head 处取出一个消息指针 msg。

(2)如果当前缓冲区没有消息缓存，则当前任务需要等待，此时处理类似信号量的任务等待，会通过 krhino_queue_recv 传入的延时参数 ticks 来进行非等待、永久等待和延时等待的处理。永久等待和延时等待会将任务加入 queue 的阻塞列表，延时等待还会加入 tick 的处理队列，以便超时唤醒。

(3)当阻塞任务被唤醒时，需要判断是否被唤醒成功，如果是，则获取 task->msg 作为获取的消息队列，如果是被超时等恢复，则返回失败。

2.9.4 消息队列维测信息获取

queue 模块提供了三个维测接口来获取和维护 queue 信息：

```
kstat_t krhino_queue_is_full(kqueue_t * queue)
```

该接口通过消息队列内的 ring buffer 缓存数目，来判断缓存区是否已满。如果缓冲队列满，后续的 queue_send 会失败。

```
kstat_t krhino_queue_info_get(kqueue_t * queue, msg_info_t * info)
```

该接口调用会返回 queue 内部 buffer 的基础信息，包括缓冲队列起始地址、目前数目、总大小等。

```
kstat_t krhino_queue_flush(kqueue_t * queue)
```

该接口用于将 queue 内的 ring buffer 缓冲清除，并将缓冲数目清 0。

2.9.5 消息队列使用示例

```
#define QUEUE_BUF_SIZE 32
#define QUEUE_TEST_TIMES 10

static char * queue_buf[QUEUE_BUF_SIZE];
static kqueue_t g_queue;
static int send_msg[QUEUE_TEST_TIMES] = {1,2,3,4,5,6,7,8,9,10};

void test_queue(void)
{
    kstat_t ret = RHINO_SUCCESS;
    int * p_recv_msg = NULL;
    msg_info_t msg_info;
    int i = 0;

    /* create a queue */
    ret = krhino_queue_create(&g_queue, "g_queue", (void * * )&queue_buf, QUEUE_
BUF_SIZE);

    if (ret != RHINO_SUCCESS) {
        printf("queue create failed! /n");
        return;
    }

    /* send message */
    for(i = 0; i < QUEUE_TEST_TIMES; i ++ )
    {
        ret = krhino_queue_back_send(&g_queue, &send_msg[i]);
```

```
        if (ret != RHINO_SUCCESS) {
            printf("queue send failed ! /n");
            return;
        }
    }

    /* check the msg_info */
    ret = krhino_queue_info_get(&g_queue, &msg_info);
    if((msg_info.msg_q.size != QUEUE_BUF_SIZE) || (msg_info.msg_q.cur_num !=
QUEUE_TEST_TIMES))
    {
        printf("queue info get failed ! /n");
        return;
    }

    /* receive message */
    for(i = 0; i < QUEUE_TEST_TIMES; i ++ )
    {
        ret = krhino_queue_recv(&g_queue, 0xFFFF, (void * * )&p_recv_msg);

        if((ret != RHINO_SUCCESS) || ( * p_recv_msg != send_msg[i]))
        {
            printf("queue receive failed ! /n");
            return;
        }
    }

    printf("queue test success ! /n");
}
```

2.10　事件机制(event)

2.10.1　概念

事件机制与信号量机制比较类似,也可以用来在多个 task 中实现资源、业务流的同步机制。

(1)事件机制与信号量机制类似的地方有：

①事件也有创建/删除、获取/释放机制；

②在获取事件不满足条件时，当前 task 也会被 pend 到事件上，当事件满足时继续运行。

(2)事件机制与信号量机制不同的地方有：

①事件机制比信号量机制更灵活；

②事件机制可以一次性等待多个条件同时满足，或者其中任意标志位满足。

2.10.2 event 的定义

下面是一个简化版的 event 的定义，标志位 flags 是 event 的核心元素，flags 有 32 位，每一位都可以表示一个独立事件，这样一个 event 可以同时等待 32 个独立事件的发生或者其中任意一个事件的发生。

```
typedef struct {
    blk_obj_t blk_obj;
    uint32_t  flags;
} kevent_t;
```

示例 1：task A 需要等待 5 个独立事件都满足条件后再执行任务，这 5 个独立事件由另外 5 个独立外部事件驱动，且由 5 个独立的中断源来释放。如果没有事件机制，一个可能的方案是利用信号量的方式来实现，但业务逻辑会比较复杂，而利用 event 机制就方便多了，task A 只需要等待一个 event，然后 5 个中断分别独立设置 event——>flags 中独立的 5 个标志位，当 5 个标志位都满足时，task A 将立即执行既定任务。

示例 2：task B 需要等待 5 个独立事件中的任何一个事件发生后再执行任务，这 5 个独立事件由另外 5 个独立外部事件驱动，且由 5 个独立的中断源来释放。task B 只需要等待一个 event，然后 5 个中断分别独立设置 event->flags 中独立的 5 个标志位，其中任何一个标志位满足时，task B 将立即执行既定任务。任意标志位满足即可，还是所有标志位都需要满足，由事件获取函数的参数决定，参见下面事件的获取/释放部分。

2.10.3 事件的创建/删除

(1)静态创建：kstat_t krhino_event_create(kevent_t * event, const name_t * name, uint32_t flags)，其中，event 结构体的内存空间已事先分配好。

(2)动态创建：kstat_t krhino_event_dyn_create(kevent_t * * event, const name_t * name, uint32_t flags)，其中，event 结构体的内存空间在调用时分配。

(3)静态删除：kstat_t krhino_event_del(kevent_t * event)。

(4)动态删除：kstat_t krhino_event_dyn_del(kevent_t * event)。

【注意】　在删除 event 时，如果有 task 还 pend 在此 event 上时，这些 task 将会从此 event 上脱离，从而导致 task 行为类似 event 的条件被满足的样子，但与 event 真实条件满足是两个业务逻辑，且当 task 再次获取此 event 时，因为 event 的不存在而导致获取失败。所以，在删除 event 时需要仔细分析删除 event 带来的逻辑变化。

2.10.4　事件的获取/释放

(1)获取事件：kstat_t krhino_event_get(kevent_t * event, uint32_t flags, uint8_t opt, uint32_t * actl_flags, tick_t ticks)，其中，参数 opt 对应有以下四种选项：

①RHINO_AND　　期望所有 flags bit 都为 1

②RHINO_AND_CLEAR　　期望所有 flags bit 都为 1，且清除 event 的内部 flags

③RHINO_OR　　期望任意 flags bit 为 1 就好

④RHINO_OR_CLEAR　　期望任意 flags bit 为 1 就好，且清除 event 的内部 flags

(2)释放 event：kstat_t krhino_event_set(kevent_t * event, uint32_t flags, uint8_t opt)，其中，参数 opt 与获取不同，这里只有两个选项：

①RHINO_AND　　把期望设置的 flags 与内部 event->flags 相与完成设置

②RHINO_OR　　把期望设置的 flags 与内部 event->flags 相或完成设置

【注意】　在使用 RHINO_AND 方式来设置 flags 时，并不会增加 event－－>flags 的有效位数。

【注意】　krhino_event_set()的执行上下文可以是 task 或者中断上下文，krhino_event_get()的执行上下文只能是 task，而不能中断上下文。

2.11　低功耗框架(power management)

2.11.1　概念

CPU 电源管理的目的在于节约 CPU 的运行消耗功率，当 CPU 不执行任务时，进入 idle task，idle task 通常的做法是一个 while(1)循环，但当 CPU 电源管理功能启用时，这个 while(1)循环将被替换成将 CPU 设置为睡眠模式，从而节省 CPU 的功率消耗。CPU 睡眠模式依据睡眠深度和节电程度，可以分成不同的几个睡眠状态，这种睡眠状态，我们称之为 C 状态。C 状态包含以下状态：

(1)C0：可运行指令状态，CPU 的电源保持供给，时钟也保持跳动。

(2)C1：不执行指令状态，CPU 电源/时钟保持供给。所有的 CPU 都支持这种状态，这种状态可以通过执行一条 CPU 的指令来进入(WFI for ARM, HLT for IA 32-bit processors)。

(3)C2：可选，不执行指令状态，每种 CPU 进入 C2 的方法是不一样的，具体请参考 CPU 或 SOC 的用户手册，C2 必须比 C1 更加省电。

(4)C3：可选，不执行指令状态，每种 CPU 进入 C3 的方法是不一样的，具体请参考 CPU 或 SOC 的用户手册，C3 必须比 C2 更加省电。

(5)C4～Cn：可选，不执行指令状态。

2.11.2 TICKLESS

当 CPU 决定进入睡眠状态时，同时关闭系统 tick 中断，并在醒来时恢复系统 tick 中断并补偿 tick 到内核的做法，我们称之为 TICKLESS。

1. 关闭系统 tick 中断

关闭系统 tick 中断的目的是为了更加省电，当系统进入睡眠状态后，没有必要再保持系统 tick 中断的周期性发送，可以让 CPU 睡得更长，否则每个 tick 中断到来时，CPU 需要周期性处理 tick 中断；另外，系统 tick 中断的周期性发生本身也耗电。

对于单核系统来说，当 CPU 决定睡眠前，就是关闭系统 tick 中断的时机。对于多核系统来说，情况稍微复杂一点，系统 tick 中断是一种全局性的操作系统资源，整个操作系统依赖中断来驱动一些操作系统事务，比如任务延迟、信号量延迟等待等跟时间相关的事务。所以，不是每一个 core 都能在决定睡眠前关闭系统 tick，只有当所有 core 决定睡眠后，最后一个进入睡眠的 core 负责关闭系统 tick。

2. 唤醒 TICKLESS 睡眠状态下的 CPU

依据 CPU 的睡眠程度不同，唤醒 CPU 的唤醒源也不同，一般来说，当 CPU 处于 C1 状态下，任务中断都能唤醒 CPU，而当 CPU 处于深度睡眠，只有那些特定的唤醒源才能将其唤醒 CPU。

one-shot 中断可以由任何外设来编程产生。一般而言，硬件时钟天然支持产生 one-shot 中断，比如硬件 timer 或者 RTC。one-shot 中断的来源也可以是外部 sensor，比如红外感应器，当感应到有人时就产生一个中断来唤醒 CPU，这种机制可以应用在门铃等方案上。

3. 进入 TICKLESS 睡眠时选择 C 状态

C1 状态是天然支持 TICKLESS 工作的，但依据实际的方案不同，最终产品不一定会选取 C1 来工作。其他的 C 状态(如 C2，C3，C4，…)依据硬件而定，C1 状态是 CPU 天然支持的，而 C2 以及 Cn(n=3,4,5,…)状态则完全由硬件制造商来决定。例如对 STM32L496G-DISCO 而言，此款板子支持 C1/C2/C3/C4。

在进入 TICKLESS 睡眠时该选择哪个 Cn 状态？其基本原则是，CPU 应该节省更多的电并且能够及时被唤醒来执行任务。一般地，Cn 的 n 值越大意味着 CPU 从 Cn 状态的苏醒时间(下面将称之为 latency)也越长。依据 ACPI 规范对 C1 的定义，符合 ACPI 标准的 C1 状态在返回时，系统软件可认为是没有延迟时间的，对于其他 Cn 状态的苏醒时间，则完全由硬件决定，但是系统软件必须考虑这个因素。

让我们来看一个案例：CPU 支持三个 C 状态 C1，C2，C3，latency of C1 为 0μs，latency of C2 为 500μs，latency of C3 为 1000μs。当操作系统决定进入 TICKLESS 睡眠模式 200μs 时，唯一可选的 Cn 状态只有 C1，因为 C2、C3 的苏醒时间大于 200μs。当操作系统决定进入 TICKLESS 模式 550μs 时，C1、C2 状态都可以符合条件，如果进入 C2 状态，那么 one-shot 中断计划应该被设定到 550μs－500μs＝50μs，意味着 CPU 将睡眠 50μs，然后加额外的苏醒时间 500μs，整体花费时间是 550μs，而另一个需要考虑的因素是 C2 状态比 C1 状态能节省更多的电力，所以在这个案例中，C2 将作为最终选择。当操作系统决定进入 TICKLESS 状态 1200μs 时，将会选择 C3，那么 one-shot 的编程产生时间将是 1200μs－1000μs＝200μs。

2.12　异步事件框架(Yloop)

Yloop 是 AliOS Things 的异步事件框架。Yloop 借鉴了 libuv 及嵌入式业界常见的 event loop，综合考虑使用复杂性、性能以及 footprint，实现了一个适合于 MCU 的事件调度机制。

异步事件框架是内核提供的基础框架之一。异步事件框架使用户任务或事件的调度通过外部事件或者内部事件触发运行，摆脱了基于时间流程的函数运行方式。AliOS Things 应用异步事件框架，使终端具有更强的描述事物的能力。在一个事件被注册后，系统每次进行任务切换时都会检查该事件是否满足运行的条件。如果该事件未满足运行条件，则被挂起，不占用 CPU 资源。当该事件的运行条件满足后，系统将该事件添加到运行列表，事件被触发开始运行。

2.12.1　Yloop 上下文

在进行任务调度时，系统需要保存当前任务的程序指针与栈指针。每个 Yloop 实例(aos_loop_t)与特定的任务上下文绑定，AliOS Things 的程序入口 application_start 所在的上下文与系统的主 Yloop 实例绑定，该上下文也称为主任务。主任务以外的任务也可以创建自己的 Yloop 实例。

2.12.2　Yloop 调度

Yloop 实现了对 I/O、timer、callback、event 的统一调度管理。

I/O：最常见的是 socket，也可以是 AliOS Things 的 VFS(virture file system，虚

拟文件系统)管理的设备;

timer:常见的定时器;

callback:特定的执行函数;

event:包括系统事件、用户自定义事件。

当调用 aos_loop_run 后,当前任务将会等待上述各类事件发生。

2.12.3 Yloop 实现原理

Yloop 利用协议栈的 select 接口实现了对 I/O 及 timer 的调度。AliOS Things 自带的协议栈又开放了一个特殊的 eventfd 接口,Yloop 利用此接口把 VFS 的设备文件和 eventfd 关联起来,实现了对整个系统的事件的统一调度。

2.12.4 Yloop 的使用

```
static void app_delayed_action(void * arg)
{
    LOG("%s:%d %s\r\n", _func_, _LINE_, aos_task_name());

    aos_post_delayed_action(5000, app_delayed_action, NULL);
}
int application_start(int argc, char * argv[])
{
    aos_post_delayed_action(1000, app_delayed_action, NULL);
    aos_loop_run();
    return 0;
}
```

在这里的 Yloop 使用程序示例中,application_start 函数主要完成以下两件事情:

(1)调用 aos_post_delayed_action 创建了一个 1 秒的定时器(Yloop 里面只有 oneshot timer);

(2)调用 aos_loop_run 进入事件循环。

1 秒后,定时器触发,app_delayed_action 函数被调用,而 app_delayed_action 里面:

(1)调用 LOG 打印;

(2)再次创建一个 5 秒的定时器,从而实现定期执行 app_delayed_action。

【注意】程序并不需要 aos_loop_init()去创建 Yloop 实例,因为系统会默认自动创建主 Yloop 实例。

如下给出了一个和 socket 结合的例子：

```
static int iotx_mc_connect(iotx_mc_client_t * pClient)
{
        <snip>
        rc = MQTTConnect(pClient);
        <snip>
        aos_poll_read_fd(get_ssl_fd(), cb_recv, pClient);
        <snip>
}
```

上述函数中，在和服务端建立好 socket 连接后，调用 aos_poll_read_fd()把 MQTT 的 socket 加入 Yloop 的监听对象里。当服务端有数据过来时，cb_recv 回调将被调用，进行数据的处理。采用这种方法，MQTT 就不需要一个单独的任务来处理 socket，从而节省内存使用。同时，由于所有处理都是在主任务进行，不需要复杂的互斥操作。

2.12.5 系统事件的处理

AliOS Things 定义了一系列系统事件，程序可以通过 aos_register_event_filter()注册事件监听函数，进行相应的处理，比如 Wi-Fi 事件。如下给出了一个示例程序：

```
static void netmgr_events_executor(input_event_t * eventinfo, void * priv_data)
{
    switch(eventinfo->code) {
        case CODE_WIFI_ON_CONNECTED:
            <do something>
        <snip>
    }
}
aos_register_event_filter(EV_WIFI,event_cb,NULL);
#define EV_USER 0x1000
/* EV_USER 以后的事件 ID 可以用于用户自定义的事件 */
```

2.12.6 Yloop 回调

Yloop 回调用于跨任务的处理，以下面伪代码为例进行说明：

```
void do_uart_io_in_main_task(void * arg)
{
    <do something>
}

void io_recv_data_cb(char c)
{
    aos_schedule_call(do_uart_io_main_task,(void * )(long)c);
}
```

程序中,假设 uart_recv_data_cb 是 I/O 设备收到数据时的回调,那么收到数据后就通过 aos_schedule_call 把实际处理 do_uart_io_in_main_task 放到主任务上下文去执行。这样,数据的逻辑处理 do_uart_io_in_main_task 就不需要考虑并发而去做复杂的互斥操作。

2.12.7 注意事项

Yloop 的 API(application program interface)除了下述这些,其余都必须在 Yloop 实例所绑定的任务的上下文执行:

(1)aos_schedule_call;

(2)aos_loop_schedule_call;

(3)aos_loop_schedule_work;

(4)aos_cancel_work;

(5)aos_post_event。

第3章　AliOS Things组件

AliOS Things 结构如图 3-1 所示，可以发现 AliOS Things 每个模块都被设计成一个独立的组件，每个组件在程序管理上拥有独立的.mk 文件来描述组件之间的依赖关系，这使开发者可以用非常直观的方式增减所需要的组件。本章将围绕 AliOS Things 典型的几个组件，探讨其原理和意义，帮助读者理解其实际应用价值。

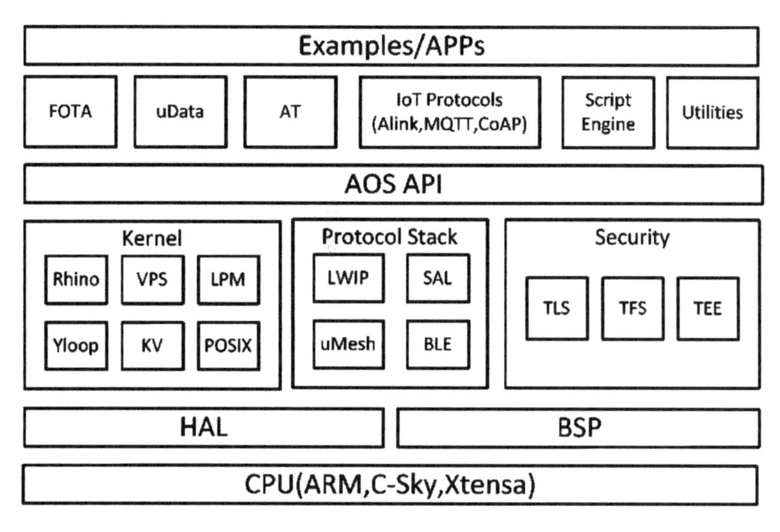

图 3-1　AliOS Things 结构

3.1　自组织网络(uMesh)

3.1.1　自组织网络简介

自组织网络是一种通过自组织的方式建立与维护连接的网络，网络中的每个节点都可以具有路由和数据转发功能。自组织网络是一种去中心化的多跳网络。

1. 自组织网络的特点

(1)去中心化的网络管理。网络中节点具有自动加入与离开网络的能力，网络可以在任何地方组织起来，任意两个节点之间可以拥有多条连接通道，极大地避免了网络中由于某些节点出现故障导致通信出现故障的情况。

(2)自组织。组网的过程根据当前网络状况自组织完成,在组网与网络管理交互中自动实现配置与修复;可以不依赖网络基础设施,方便地进行节点部署。

(3)自修复。当网络节点出现故障时,可以实现自恢复,不会因为网络中某一节点的故障,导致全网无法工作。当某一范围内的管理节点出错,范围内的节点会自动选出新的管理节点以保证正常组网。

(4)多跳特性。每个节点都可以发送和接收数据,两个节点间通信可能会经过多个中间节点的传输。在单跳覆盖范围不满足业务需求时,可以通过多跳特性,提高网络的覆盖范围。

2. 自组织网络的技术优势

(1)覆盖范围广,不受物理信道通信距离限制而影响覆盖范围。

(2)可靠性强,由于存在节点自组织,即使有邻居节点由于各种原因无法工作,节点也可以与其余节点保持通信。

3. 自组织网络在商业应用中的优势

(1)网络内的通信是免费的,无需向通信运营商交付任何费用。

(2)对基础设施建设没有很强的依赖性,甚至可以在没有基础设施的区域工作。

3.1.2 重新设计与开发 uMesh 的原因

目前,业界公开的流行 mesh 协议主要包括 Thread,Wi-SUN FAN 和 ZigBee IP,它们分别为不同的业务场景设计:Thread 主要是为智能家庭设计,Wi-SUN FAN 主要是为智能电表设计,ZigBee IP 最初设计时主要考虑智能能源(ZigBee Smart Energy 2),用户也可以根据需要基于协议栈进行相应定制。在 MAC 和 PHY 层,它们均使用低功耗的 802.15.4 协议。不直接使用这些协议中的一种作为解决连接问题的具体实施办法,主要原因包括:

(1)目前各种协议主要针对某一特定业务场景。各种协议主要针对某一特定业务场景,并不是提供一种通用的连接能力,很难满足多样化的业务需求。因此,需要提供通用的能力给不同的芯片,实现这些芯片之间的连接,从而实现独立于协议的物物互联。

(2)目前只支持 802.15.4 协议。在设计的过程中,这些协议都将 802.15.4 作为 MAC 和 PHY 层协议,所以会针对其特性进行优化和限制,但并不是所有的芯片都会包含 802.15.4 芯片模组,它们的设计无法直接支持 Wi-Fi 和 BLE 这两种目前为止更加普及的通信芯片模组。特别是针对 BLE,802.15.4 数据帧长度限制是 127 字节,但 BLE 广播帧长度限制是 32 字节,使得 802.15.4 协议中一些数据包无法在 BLE 链路上传输。

(3)目前支持多种不同通信芯片模块是有需求的。802.15.4 协议在传输距离、功耗及传输速度方面，与 Wi-Fi 和 BLE 相比做到了更好的能力均衡，使得它是自组织网络非常好的一种选择。但是，无论是智能家庭、工业和商业场景中，都应该需要更多元化的能力以支持不同的业务。另外，Wi-Fi 和 BLE 是目前更加普及的两种通信芯片模块。如何利用现有硬件，通过软件升级方式，支持组成自组织网络来满足业务需求，而不是完全更换硬件设施，也是一个需要解决的问题。

(4)需要加入对移动节点的支持。目前，各种 mesh 协议并没有考虑对移动节点的支持。而移动节点在一些实际应用场景中是会大量存在的。在一个较大的空间内，转发节点通信覆盖范围无法满足另一个接入节点移动范围时，就需要支持节点的移动性，如智能手环等应用。

在 Wi-Fi 和 BLE 协议中，均有提到支持 mesh 能力。不直接使用它们的原因主要是不同的协议通常只考虑兼容自身现有设计及特性，当使用到另外一种物理媒介上时总会有需要修改的地方。

基于上述这些原因，重新设计并实现 AliOS Things 的 uMesh 的技术路线，有利于构建一个更通用的物联网应用支持体系。

3.1.3 uMesh 的网络拓扑结构

在网络拓扑方面，AliOS Things 的 uMesh 在设计上主要考虑如下需求：

(1)可扩展性：可适用于不同场景，既可以支持几十、上百个的智能家庭场景，也可以支持几千个节点的工业与商业应用场景；

(2)健壮性：不会由于某一节点的故障，导致整个网络无法正常工作；

(3)同时支持两种及以上的通信媒介，并充分利用其特性。

为了满足上述几点设计要求，uMesh 使用两层拓扑结构，如图 3-2 所示。第一层是核心网络，组成了一张全联通网络；第二层是扩展子网络，使用的是树状网络拓扑结构。核心网络的规模，由于其全联通的特性，如果是传输速率较小网络如 802.15.4，其网络规模将不会很大，但是可以通过扩展子网络的树状结构，让网络规模迅速扩大到期望支持的规模。第一层核心网络节点可以理解为分布式的 root 根节点，某一核心网络节点的故障不会导致整个网络的故障，实现了健壮性的目标。

网络中主要包括如下角色：

(1)管理节点(leader)。网络的配置信息均从管理节点开始扩散到网络，上云通道通常也部署在管理节点，管理节点是一个特殊的超级路由节点。管理节点故障后，超级路由节点中会选举出一个新的管理节点。

(2)超级路由节点(router)。其负责管理每个扩展子网，并在相互之间不断交互各自获取的网络信息。超级路由节点相当于每个树状网络的根节点。如果超级路由节点发生故障，此树状网络的孩子节点会进行查询，查询后会自动挂到正常的超级路由节点下面。

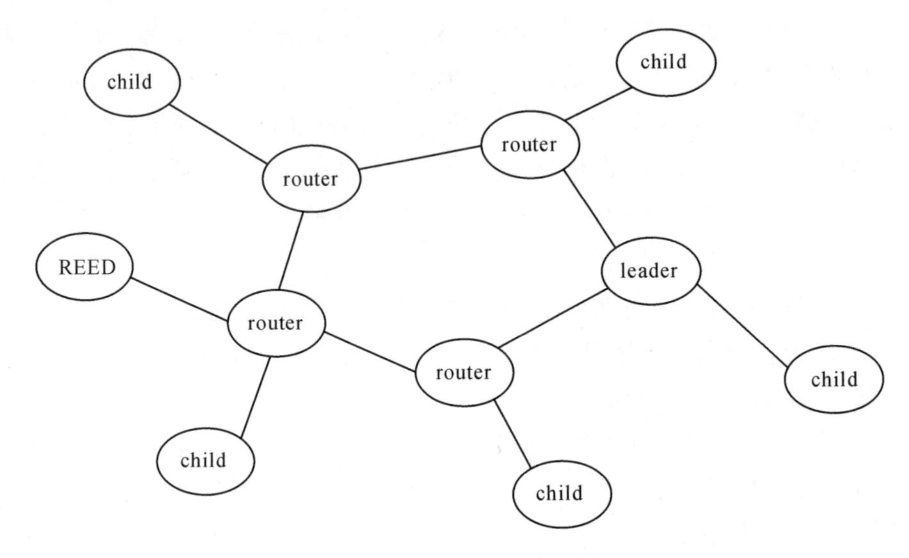

图 3-2 uMesh 两层拓扑结构

(3)路由节点(REED)。扩展网络中的节点,具有路由转发功能。

(4)孩子节点(child)。不具有数据路由转发功能,通常是移动节点、低功耗节点等。

在实际部署时,核心网络使用 Wi-Fi,扩展子网络使用 802.15.4 和 BLE 的方式,最大限度地利用各种不同通信媒介的能力。

3.1.4 uMesh 协议栈结构

1. 协议栈中 uMesh 位置

在设计协议栈的时候,主要考虑如下需求:

(1)能够实现 mesh 的自主组网。

(2)能够支持自修复。

(3)能够实现对网络信息的控制与管理。

(4)减小数据传输过程中对带宽的占用。

(5)能够通过统一 HAL(hardware abstraction level)适配到不同的媒介之上。

(6)能够适配不同的 IP 协议栈。

基于上述需求,整个 uMesh 将全部逻辑放在逻辑链路层之上,其在 TCP/IP 五层协议栈中位置及其与典型 mesh 协议栈对比如图 3-3 所示,其中左侧是 uMesh 所在的协议栈,右侧是传统支持 mesh 的典型网络协议栈。这样的设计主要考虑以下几点:

(1)不依赖使用的 IP 协议栈。

(2)尽可能实现功能与硬件无关,将硬件相关逻辑交给 HAL 层处理。

uMesh 网络内部数据传输不使用 IP 地址,而是使用 2 字节的短地址,减少对带

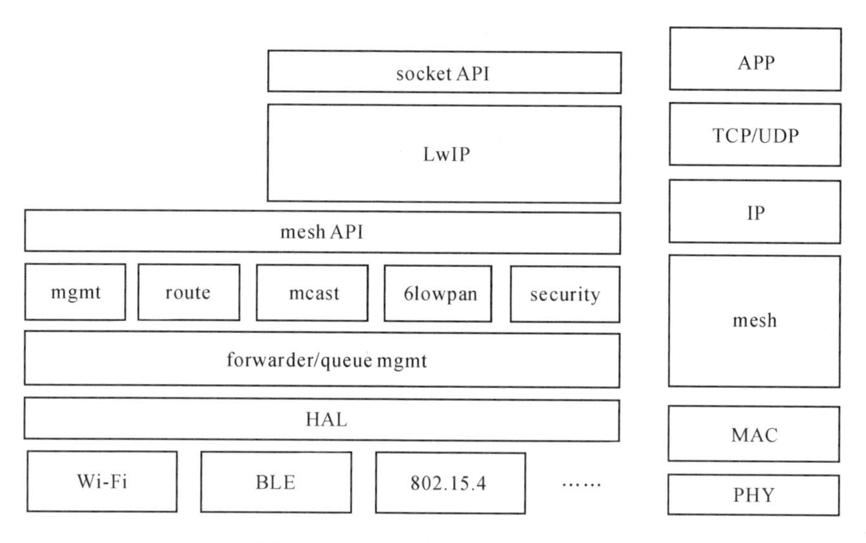

图 3-3　支持 uMesh 的网络协议栈

宽的使用，以适用 BLE 和 802.15.4 等带宽资源受限网络。

2. uMesh 结构

uMesh 可以分为三个部分(见图 3-4)：

(1)IP 协议栈适配接口层。其适配不同的 IP 协议栈。

(2)HAL 层。抽象物理层特性，提供统一 HAL 层接口，供不同芯片厂商实现，适配使用 uMesh。

(3)uMesh 核心层。uMesh 核心层主要包括以下两个核心部件：

①网络管理：主要功能是实现 mesh 组网与维护、路由及短地址管理。

②数据转发：主要功能是实现数据收发、队列管理、数据多播及数据压缩和解压缩。

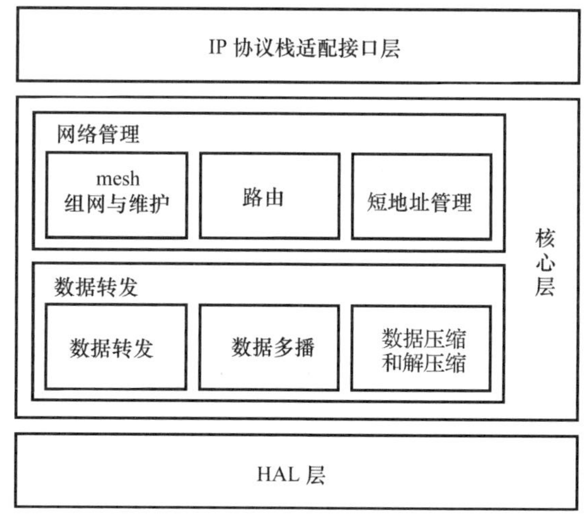

图 3-4　uMesh 协议栈结构

3. HAL 层的设计

HAL 层主要考虑如下设计需求：

(1)支持不同类型的通信媒介，主要考虑 Wi-Fi、BLE 和 802.15.4 等。

(2)HAL 层通过适配能够同时支持不同类型的 HAL。

(3)能够抽象出不同网络接口，满足两级网络拓扑设计需求。

为了满足这些需求，HAL 层主要包括以下组成部分：

(1)HAL API 及其实现。

(2)HAL 抽象层。

(3)网络信息抽象层。

HAL API 提供接口主要包括：

(1)发送与接收数据。

(2)获取 HAL 层信息，包括物理链路类型、MTU 和信道信息。

(3)设置 HAL 层信息，包括信道、MAC 层地址、mesh 网络 ID。

(4)HAL 层数据包统计信息。

HAL 抽象层与通信芯片模组是一对一的对应关系，主要功能是维护与特定 MAC 和 PHY 层相关信息，包括从 HAL 接口层获取的物理链路特性、数据队列和邻居列表等。

网络抽象层与 HAL 抽象层可以是一对一的对应关系，也可以是多对一的对应关系。当使用单种 HAL 层，完成两级网络拓扑的部署时，需要采用多对一的对应关系。网络抽象层维护了与该网络相关的所有信息，包括网络 ID、节点 ID、网络状态、多播信息、路由信息和 IP 地址前缀等。

3.1.5 阿里云 Link ID² 设备身份认证平台

1. Link ID² 设备身份认证服务

近年来，随着越来越多的物联网安全漏洞问题以及遭受到的网络攻击被曝光，安全将会成为物联网生态体系要面对的一个尖锐问题，尤其是嵌入式安全因为设备的数量巨大使得常规的更新和维护操作面临挑战，而基于云的操作会使得边界安全变得不太有效。

针对上述物联网安全的痛点，作为 AliOS Things 核心组件之一的自组织网络(uMesh)不仅提供了 AliOS Things 原生自组织网络能力、本地互联互通的能力，也将更多的注意力放到了如何保障嵌入式设备能够自主安全接入自组织网络，并保证和云端数据通信的完整性与机密性。

ID² (Internet Device ID)，是一种物联网设备的可信身份标识，具备不可篡改、不可伪造、全球唯一的安全属性，是实现万物互联、服务流转的关键基础设施。

ID² 设备身份认证平台由互联网设备、ID² 分发中心、云端 ID² 认证中心和部署在本地或者云端的互联网服务组成。芯片厂商产线通过调用提供的 ID^2 产线烧录 SDK(可集成到厂商的烧录工具)完成向 ID^2 分发中心在线的 ID^2 申请、获取和烧录。烧录完成后,可通过调用烧录回执相关的 API 来确认是否已经成功烧录到芯片。具体产线烧录 ID^2 过程可参考:ID^2 申请和产线烧录(https://iot.aliyun.com/docs/security/ID2_license_application.html? spm=a2c4e.11153959.blogcont335975.11.YXj2e7)。

烧录 ID^2 的同时也会将相应的私钥(private key)烧录到芯片内,公钥(public key)会上传给云端 ID^2 认证中心。该私钥可用于解密由云端 ID^2 认证中心下发的加密数据,这种模式可用于实现应用层协议的通道认证或者秘钥协商。ID^2 的一个重要作用就是使连接协议的安全性增强。ID^2 和各种连接协议(如 MQTT、CoAP)结合,为连接提供设备认证和密钥协商等基础能力,为整个 IoT 管理系统提供基础的安全保障。本书后续部分也会介绍如何利用该安全特性将 ID^2 设备身份认证平台与 AliOS Things 自组织网络节点安全入网相结合。ID^2 设备身份认证平台系统架构如图 3-5 所示。

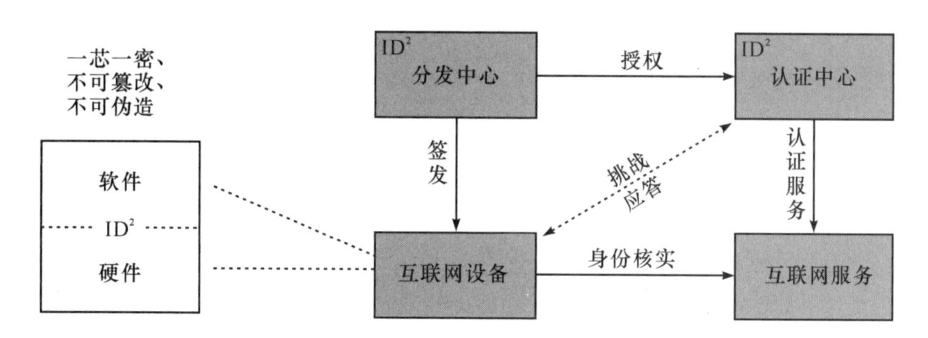

图 3-5 ID^2 设备身份认证平台系统架构

ID^2 设备身份认证平台提供了两种认证模式:基于挑战应答认证模式(challenge-response based)和基于时间戳模式(timestamp-based),可防止重放(replay)攻击。以挑战应答认证模式为例,SP Server(业务服务器)作为消息代理(proxy),转发设备节点和云端 ID^2 认证中心之间的交互消息(默认设备节点已经预置烧录 ID^2)。具体认证消息交互流程如图 3-6 所示。具体而言:

(1)设备端发送认证请求给 SP Server,向云端 ID^2 认证中心申请挑战随机数(challenge)。

(2)SP Server 调用 POP SDK Java API:getServerRandom()从云端 ID^2 认证中心获取到挑战随机数并转发给终端设备节点。

(3)设备节点获取到挑战随机数后,根据预置根 ID^2、challenge、extra_data(可选)作为计算 auth code 的参数,调用端上提供的 TFS API:tfs_id2_get_challenge_auth_code()计算 auth_code。

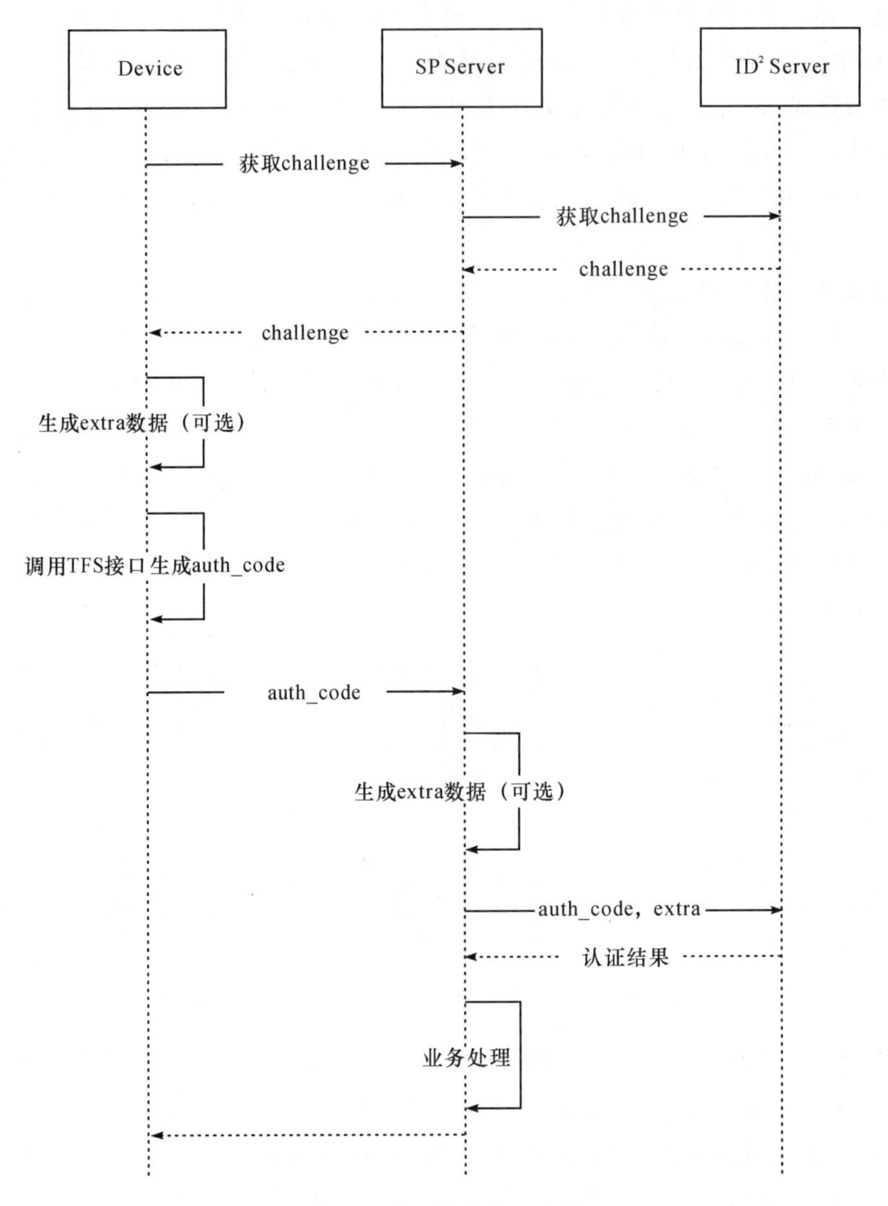

图 3-6 认证消息交互流程

(4)设备节点将计算出的 auth_code 发送给 SP Server，将帮助转发给云端 ID^2 认证中心。

(5)SP Server 调用 POP SDK Java API：VerifyRequest()与云端 ID^2 认证中心做认证。

(6)SP Server 最后将根据云端 ID^2 认证中心返回的认证结果做相应的业务处理。

此外，对于允许接入该 SP Server 服务的设备，ID^2 能够确保设备和 Server 之间的双向认证。也就是说，不仅 SP Server 需要确认该拥有 ID² 身份信息的设备是否允许接入，同时接入设备也需要确认该 SP Server 是否具有提供认证服务的合法性。通过双向认证的方式可以过滤掉那些虽拥有合法的 ID² 身份信息但不属于 SP Server 所提供服务的范畴内的一些接入设备。

2. AliOS Things 自组织网络的安全认证架构

传统的 AAA(authentication、authorization、accounting)服务在部署和配置上都需要额外的专业 IT 人员操作，而对于像物联网这样拥有大量设备节点的场景，手动为每一个设备节点生成证书显然有些不切实际。此外，x. 509 证书不仅需要出厂预置占用较多的 Flash 资源，并且在 ASN. 1 解析和认证过程中的消息传递也会消耗大量的 MCU 资源(根据不同的签名算法、密钥协商算法、加密算法而生成的证书的大小各不相同，大一点的证书可能会超过 1KB)，因此对于资源受限的嵌入式设备节点，基于证书的认证方式可能不是一个最优选择。

ID² 设备身份认证平台是一个更为轻量级的基于身份信息的双向认证服务平台，尤其适合硬件资源不足的嵌入式设备的认证方式。认证服务中心云端化省去了大量 IT 人员的时间来重复相同的部署和配置过程，客户所需要做的仅仅是调用相应的 SDK 对接云端 ID² 认证中心。基于这个优势，设计自组织网络的设备节点端安全认证过程时也依托于上述 ID² 设备身份认证平台的挑战应答认证模式。目前新加入的设备节点和已经入网节点之间的认证通信协议兼容标准的 IEEE 802. 1x 和可扩展认证协议(EAP)，可以利用 IEEE 802. 11 Wi-Fi 协议标准进行数据传输，EAP 也为后续扩展和兼容多种标准认证方式(如 MD5、OTP、TLS 等)提供了基本协议框架。

自组织网络 uMesh 和 ID² 设备身份认证平台结合的安全认证架构如图 3-7 所示。

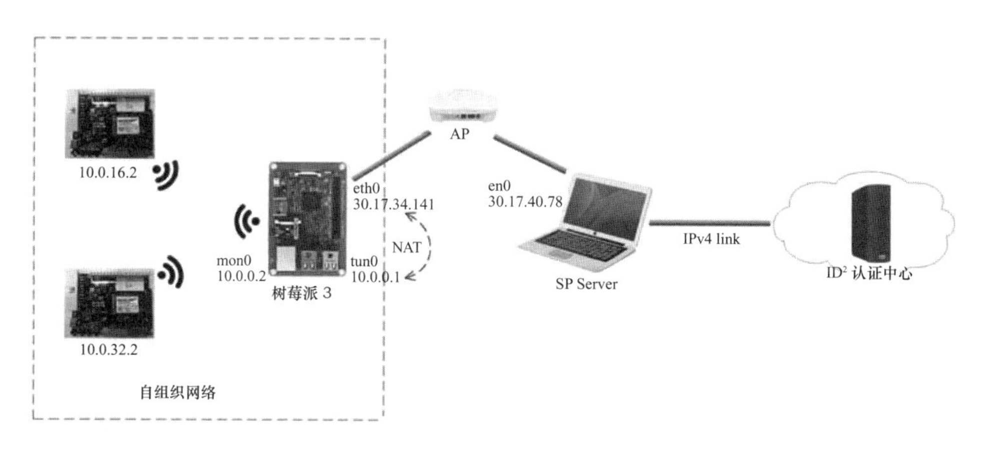

图 3-7 安全认证架构框

图 3-7 中左边虚线框内右侧的树莓派 3 作为直接和 AP 相关联的节点充当网络的 leader 角色来创建一个新的自组织网络并负责分配短地址(16bit)给后续加入网

络的设备节点，该地址用于在 uMesh 网络内通信，同时在树莓派 3 上利用 IP 表建立 NAT(network address translation)来相互转发 tun0 接口和 eth0 接口之间的 IP 数据包(NAT 更改 IP 数据包头里的源地址)，这样就可以让 uMesh 网络内的节点成功和外网的 SP Server 通信，从而和云端 ID² 认证中心进行身份认证。

uMesh 网络节点和云端 ID² 认证中心的安全认证消息交互流程如图 3-8 所示。

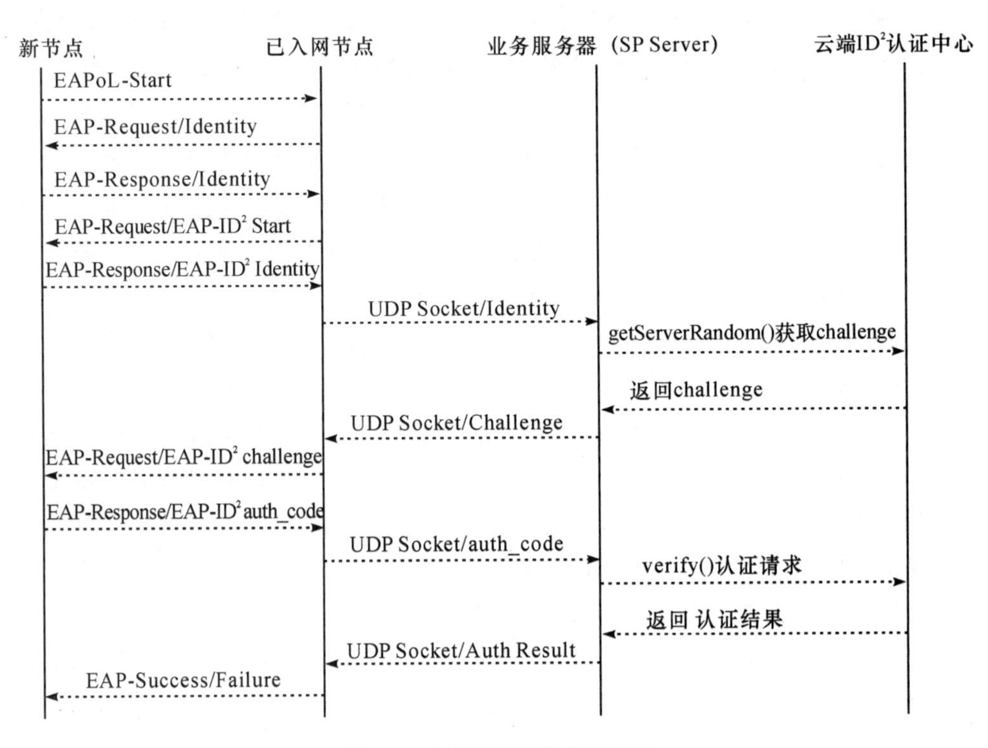

图 3-8 安全认证消息交互流程

图 3-8 中，扩展认证协议框架不仅定义了标准的认证类型(如 MD5、OTP、GTC、TLS 等)，还定义了扩展类型(expanded types，type 值为 254)用来兼容不同的 Vendor 现有的自定义认证方式。EAP-ID² 即为基于 ID² 设备身份认证平台所设计的一种认证协议，是用于 uMesh 自组织网络节点的安全认证方式之一。其详细的扩展类型包头格式如图 3-9 所示。

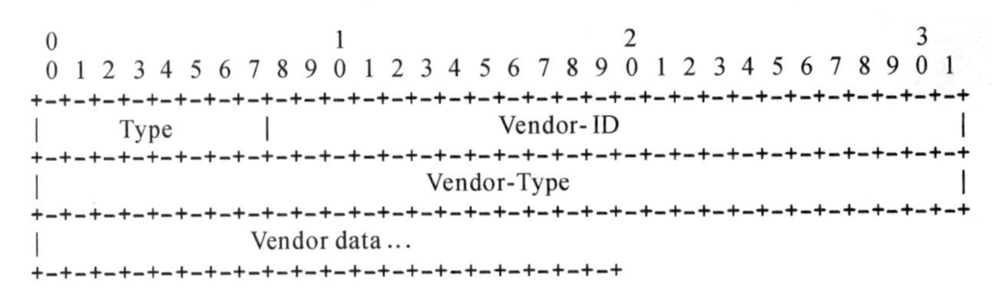

图 3-9 扩展类型包头格式

3.1.6 总结

uMesh具有自组织、自修复、多跳、兼容标准端口网络访问控制和扩展认证协议、可扩展多种标准安全认证方式等特性。uMesh适用于需要大规模部署且对设备节点有安全性需求的场景，如智能家居、智能照明及商业楼宇等。兼容IEEE 802.1x端口访问控制协议和扩展认证协议为自组织网络的安全认证体系提供了更为丰富、更加灵活可扩展的协议认证框架，可以满足不同客户现有自定义或者标准的认证流程。

3.2 空中固件升级功能(FOTA)

3.2.1 FOTA升级

在很多物联网应用场景中都会出现对固件进行远程更新的需求，即通过使用空中下载技术(over-the-air technology，OTA)升级快速实现应用需求的改进。这里我们首先介绍OTA升级的基本内容。

传统的OTA升级是在在线应用编程(in application programming，IAP)应用升级的基础之上进行远程固件下载烧录。在这种应用中，一般将固件分为两大部分：Application与Bootloader，Application是终端应用的业务代码，Bootloader负责更新代码以及跳转启动。Application部分负责接收更新指令并判断是否需要更新，需要更新时下载并将固件写入规划好的OTA固件存储区，同时根据更新内容修改固件参数区以及检查固件完整性，写入完毕之后进行软复位。Bootloader首先读取固件参数判断是否需要更新，不需要则直接跳转到Application区，需要则进行更新操作，包括将下载好的固件内容写入Application区，更新固件参数信息。

可以看到，在传统的OTA升级应用中，首先要做好的就是Flash区规划，将Flash区划分为Bootloader区、Application区、参数存储区以及必要的固件缓存区。在追求成本最小化的物联网应用中，Flash资源有限。如果应用本身占用Flash资源较大时，就无法预留足够的Flash区作为缓存。如果可以将升级精细化，并将每次升级所占用的Flash区减小，即可降低设备所需成本。

3.2.2 AliOS Things的多bin升级

AliOS Things专利保护的FOTA升级解决方案是基于组件化思想的多bin特性。

AliOS Things实现的多bin版本，主要是指AliOS Things基于组件化思想能够独立编译、烧录OTA升级kernel、app bin。多bin采取了两种设计方案：第一种是通过 syscall 来实现彼此的函数调用，syscall 是在扁平地址空间中通过访问函数数组来实现的。app 通过函数数组调用到 kernel 函数。如果有反向调用的需求，可以使用函数注册方式来实现。第二种是通过用户特权的方式，app 通过 svc 调用 kernel 函数，进一步可通过 MPU(memory protection unit)对系统加固。

syscall
app ----------► kernel

3.2.3 多 bin 优势

物联网设备数量众多，模组种类也繁杂，芯片厂商、模组厂商、终端厂商开发者都有自己的侧重点，但是对 AliOS Things 来讲，我们希望让芯片、模组厂商减少硬件成本，降低模组功耗，让终端厂商开发者可以用简易方法开发，专注于应用软件的开发，而多 bin 特性就是为此服务的。

总结来讲，AliOS Things 核心利益点就是“减成本、利开发”，具体而言：

(1)AliOS Things 拆分 kernel、app bin，支持细粒度 FOTA 升级，减少 OTA 备份空间(甚至可以做到 0 备份空间升级)，有效减少硬件 Flash 成本。

(2)对 NB-IoT 和 LoRa、BLE 芯片，对比下载一个几百 KB 和几十 KB 的固件包，对电池供电寿命来说差别巨大。

(3)芯片厂商、模组厂商预置测试稳定的 kernel 版本，开发者购买阿里云市场中的模组解决方案，专注于开发 app 即可。

图 3-10 更直观地展示了单 bin 和多 bin 版本在 FOTA 升级上的硬件 Flash 消耗对比。

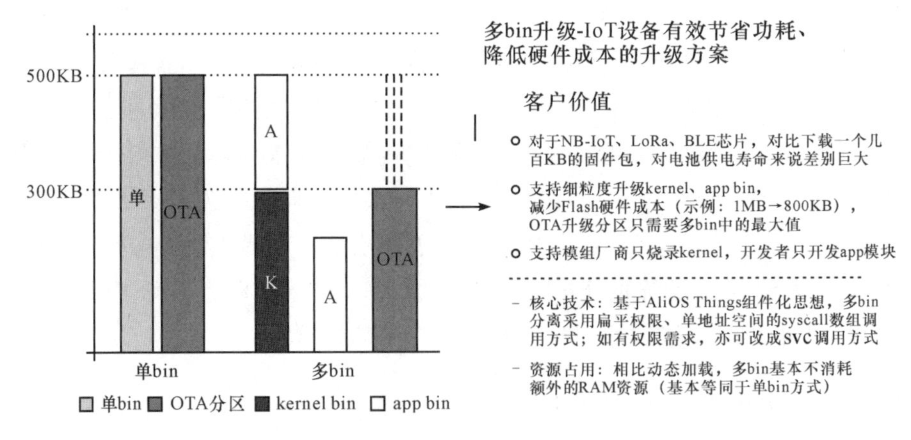

图 3-10　单 bin 和多 bin FOTA 升级时硬件 Flash 消耗对比

3.2.4　实现说明

AliOS Things 多 bin 特性基于 AliOS Things 的组件化思想。组件化思想是指各个组件之间解耦，组件之间仅通过暴露出来的 API 接口进行交互，这样就可以动态调整组件的位置。多 bin 特性就是在保有基本组件的基础上（如内核组件必属于 kernel 模块），动态调整其他组件来实现 FOTA 升级空间消耗的最优化。

接下来我们具体分析 AliOS Things 的多 bin 特性实现。多 bin 方案主要涉及系统调用处理、app 入口调用处理、Flash/RAM 地址划分、bin 编译和 bin 烧录几个部分，主要介绍如下：

1. 系统调用处理

（1）通过系统调用表实现 app 对 kernel 中接口的调用，所有用到的系统函数调用都存放在一个数组中，在 kernel 初始化过程中需要将数组的地址传给 app。

（2）通过 svc 系统调用表实现 app 对 kernel 中接口的调用，维护一个 svc 系统调用表。

2. app 入口调用处理

这部分通过固定 app 地址的方式实现 kernel 对 app 的启动，kernel 将一些启动参数传入 app。

3. Flash/RAM 地址划分

这部分主要是根据芯片资源的大小对 app 及 kernel 的 TEXT、DATA、BSS 等段进行划分，app 和 kenrnel 分别维护一个链接脚本。

4. bin 编译

不改变原编译系统对组件（静态库）的编译，仅通过在组件 makefile 文件中增加组件类型，最终划分该组件被链接到 app 或 kernel 中，如 kernel、share 等被链接到 kernel 中，app、share 以及未设置组件类型的组件默认被链接到 app 中。

5. bin 烧录

在原有单 bin 烧录模式上，根据划分的 Flash 空间地址，分别烧录 kernel 和 app。GDB 调试也可以在加载 kernel 基础上，通过 add-symbol-file app. elf 0x1234（TEXT 段地址）方式来加载符号表，而 app 可以通过 load app. elf 来加载 elf 文件。

3.2.5　小结

AliOS Things 多 bin 特性致力于降低硬件成本，让应用开发者更高效开发。多 bin 特性随着版本在不停迭代，希望有更多开发者参与其中，让多 bin 特性更简洁、高效、好用，让多 bin 特性在实际场景中发挥更大作用，从而推动 AliOS Things 生态发展。

3.3 网络适配框架(SAL)

在大多数的物联网开发场景当中，使用的方案一般为常用 MCU 外接网络连接芯片(如 Wi-Fi、NB-IoT、2G/3G/4G 模组等)。针对这些物联网的典型开发方式，AliOS Things 提供了一种 SAL(socket adapter layer)框架和组件方案。

SAL 主要就是针对外挂的串口通信模块而设计的。借助于 SAL，用户程序可以通过标准的 BSD Socket 来访问网络，这样就避免了因为场景不同而使用不同的通信模块导致需要向厂商专门定制 API 的烦琐。结合 AT Parser，SAL 可以方便地支持各类基于 AT 的通信模块。

在此类应用场景当中，主控 MCU 通过串口或其他协议与通信芯片相连接，AliOS Things 操作系统和用户 app 运行在主控 MCU 中，需要网络数据访问时，通过外接的通信芯片进行网络负载的接收和发送。主控 MCU 和外接通信芯片之间的通信，可以利用 AT Command 通道，也可以利用厂商私有协议通道。其典型的系统模块框架如图 3-11 所示。

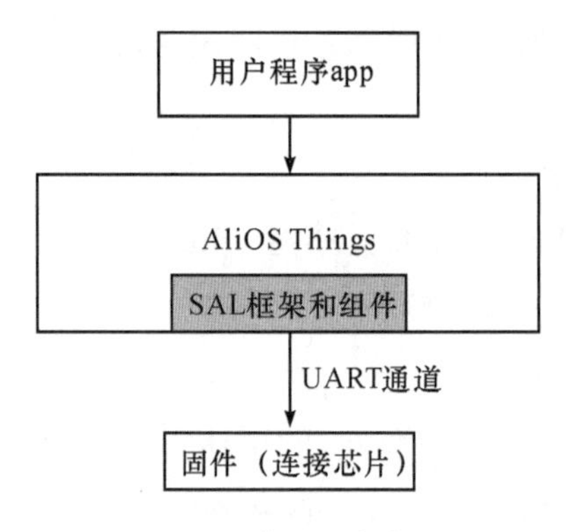

图 3-11　网络适配框架 SAL

3.3.1　AliOS Things SAL 方案概述

目前，AliOS Things 提供了 AT Parser、AT Adapter、SAL 等开发组件。借助这些组件，用户可以方便地进行应用开发，同时这些组件也方便了厂商在现有 MCU 产品基础上通过外接通信芯片方式扩展网络访问能力。图 3-12 给出了 AliOS Things 提供的 SAL 组件和方案架构。

在图 3-12 中，AT Parser 组件提供了基础的 AT Command 访问接口和异步收发机制。用户可以直接访问 AT Parser 组件提供的接口进行应用开发。上层应用直接通过 AT Parser 访问网络时，需要自行处理 AT 命令细节。

基于 AT Parser，AliOS Things 进一步提供了 SAL 组件(即图 3-12 中的方案

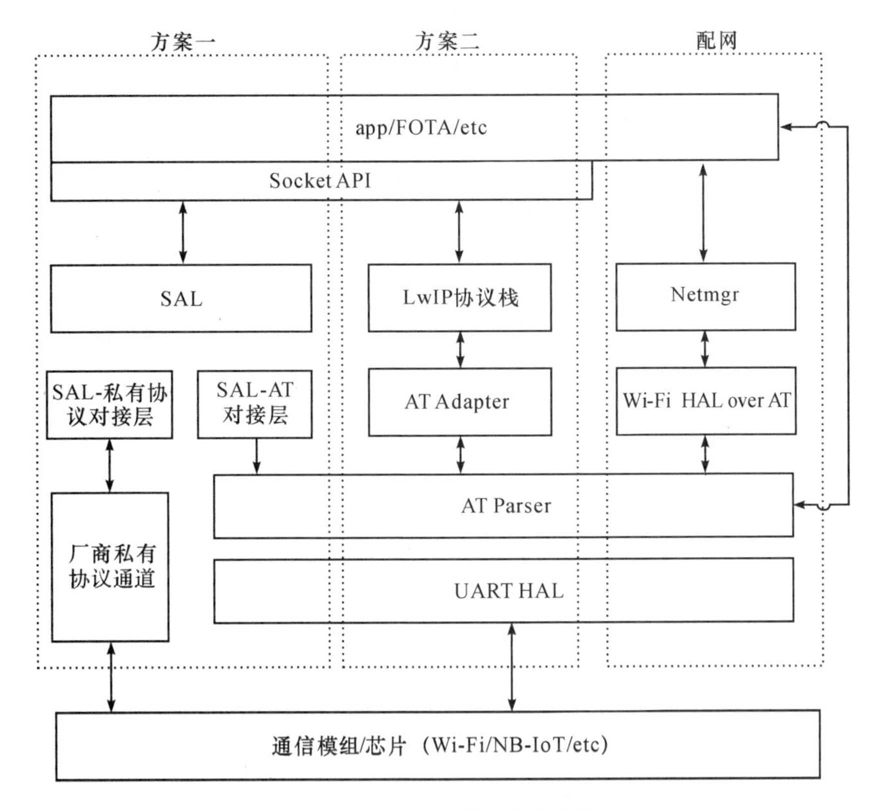

图 3-12 SAL 组件和方案架构

一)。SAL 组件提供 AT 通道或厂商私有协议通道(如高通通信模组的 WMI)到 Socket 套接字(如 socket、getaddrinfo、send、recvfrom 等)接口的对接。通过 SAL 组件,应用层不需要关注通信芯片底层操作的细节,只需要通过标准的 Socket 接口来达到访问网络的目的。SAL 组件支持大多数常用的 Socket 接口。SAL 组件可以在很大程度上提高应用层开发的效率,显著降低应用层开发的难度。

此外,AliOS Things 还提供了另外一种基于 AT Command 的网络访问方案,即 SAL LwIP 模式(即图 3-12 中的方案二)。这一模式是基于 AT Adapter 组件工具的。AT Adapter 组件提供 AT 底层到 LwIP 的对接,即 AT 通道作为 LwIP 的一个网络接口(netif)。使用该方案时,应用层通过标准的 Socket 接口访问网络,不需要关注底层 AT 的细节。该方案无缝对接 LwIP 协议栈,应用层可以使用所有 LwIP 提供的接口和服务。但该方案需要连接芯片固件支持 IP 包收发模式,目前庆科的 moc108 已经支持该模式。

3.3.2 AT Parser 组件

AT Parser 组件是 AliOS Things SAL 框架的基础组件之一,它提供统一和规范的 AT 命令访问接口(如 at. send、recv、write、read、oob 等)和异步收发机制(at_ worker)。目前,AT Parser 组件仅支持 UART 连接方式。

AT Parser 有两种工作模式,即 NORMAL 模式和 ASYN 模式。工作模式的选择在 AT Parser 组件的初始化时进行。

NORMAL 模式下,仅支持上层应用以单进程/线程方式访问 AT(同一时刻只有一个进程访问 AT)。由于 AT 底层通过串行方式(UART 或其他)发送和接收数据,所以在多进程情况下,多个 AT 读写可能会产生数据交叉,从而造成 AT 访问的混乱及错误。下面是在 NORMAL 模式下,使用 AT 接口的示例(连接 Wi-Fi AP):

```
if(at.send("AT + WJAP = test_AP,test_passwd") == false){
    printf("at.sendfailed.\r\n");
    return - 1;
}
/ * READ AT cmd response rigth after a cmd is sent * /
if (at.recv("OK") == false){
    printf("Connecting AP failed.\r\n");
    return - 1;
}
```

ASYN 模式支持 AT 命令的多进程访问以及收据的异步接收。系统中只有一个线程(at_worker)负责读取 AT 数据,发送线程发送完 AT 命令后,等待 at_worker 线程唤醒;at_worker 线程接收到对应 AT 命令的结果数据后,将结果传递给发送线程,并唤醒发送线程继续执行。发送线程确保一个 AT 命令发送是原子操作。在 ASYN 模式下,可以支持多个进程对 AT 的访问。

AT 事件的处理(如网络数据到达),可以通过注册的 oob 回调函数实现。at_worker 线程负责识别 AT 事件并通过调用 oob 回调函数处理 AT 事件和数据。

3.3.3 SAL 架构

SAL 模块提供基于 AT Command 或厂商私有协议方案实现的标准 Socket 接口访问。图 3-13 是 SAL(方案一)的架构。

SAL 对上(应用层)提供标准 Socket 接口访问。以下是 SAL 目前支持的 Socket 接口。

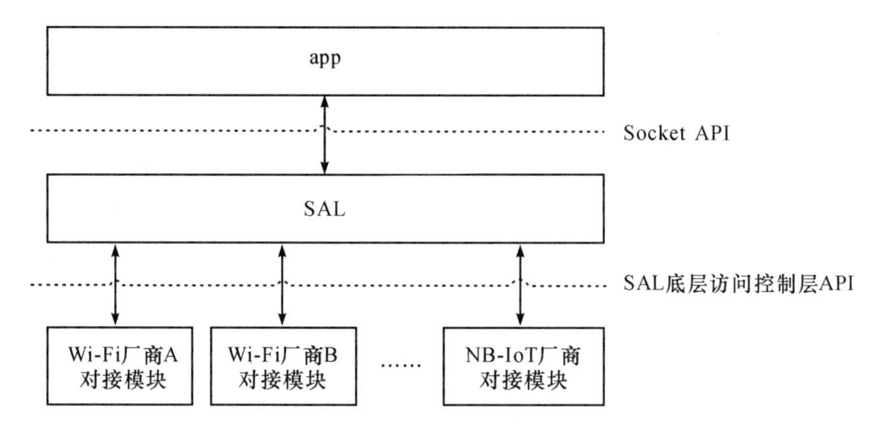

图 3-13 SAL(方案一)的架构

```
int select(int maxfdpl, fd_set * readset, fd_set * writeset,
           fd_set * exceptset, struct timeval * timeout);
int socket(int domain, int type, int protocol);
int write(int s, const void * data, size_t size);
int connect(int s, const struct sockaddr * name, socklen_t namelen);
int bind(int s, const struct sockaddr * name, socklen_t namelen);
int eventfd(unsigned int initval, int flags);
int setsockopt(int s, int level, int optname,
               const void * optval, socklen_t optlen);
int getsockopt(int s, int level, int optname,void * optval, socklen_t * optlen);
struct hostent * gethostbyname(const char * name);
int close(int s);
int sendto(int s, const void * data, size_t size, int flags,
           const struct sockaddr * to, socklen_t tolen);
int send(int s, const void * data, size_t size, int flags);
int shutdown(int s, int how);
int recvfrom(int s, void * mem, size_t len, int flags,
             struct sockaddr * from, socklen_t * fromlen);
int recv(int s, void * mem, size_t len, int flags);
int read(int s, void * mem, size_t len);
void freeaddrinfo(struct addrinfo * ai);
int getaddrinfo(const char * nodename, const char * servname,
                const struct addrinfo * hints, struct addrinfo * * res);
void freeaddrinfo(struct addrinfo * ai); int shutdown(int s, int how);
```

```
int getaddrinfo(const char * nodename, const char * servname,
                const struct addrinfo * hints, struct addrinfo * * res);
int fcntl(int s, int cmd, int val);
```

SAL层对下抽象了通信模组/芯片访问控制层接口，如下列代码所示，不同厂家的连接模组/芯片，可以通过对接底层控制访问层接口来对接和支持SAL。

```
typedef struct sal_op_s {
    char * version;
    int ( * init)(void);
    int ( * start)(at_conn_t * c);
    int ( * send)(int fd, uint8_t * data, uint32_t len,
                  char remote_ip[IP_LEN], int32_t remote_port);
    int ( * domain_to_ip)(char * domain, char ip[IP_LEN]);
    int ( * close)(int fd, int32_t remote_port);
    int ( * deinit)(void);
    int ( * register_netconn_evt_cb)(netconn_evt_cb_t cb);
} sal_op_t;
```

3.3.4 SAL LwIP 模式

AliOS Things还提供了SAL LwIP模式(即图3-12中的方案二)。该方案区别于方案一的地方在于，主控MCU上运行完整的LwIP协议栈，LwIP协议栈底层通过AT方式访问网络；相比较而言，图3-12中的方案一中主控MCU侧不运行协议栈。

该方案的运行方式类似于MCU行业常用的SLIP(Serial Line Internet Protocol)方案，区别在于底层使用厂商模组/芯片的AT Command命令和服务，厂商模组/芯片不需要额外再支持SLIP通信。

AT Adapter组件提供AT底层到LwIP网络接口(netif)的对接。通过netif的对接，AT通道可以无缝对接上LwIP。该模式下，SAL对上层应用提供完整的TCP/IP协议栈接口和服务。该方案的缺点是需要AT通信模块固件支持IP包传输，目前庆科的moc108已经支持该模式。

3.3.5 小结

综上所述，AliOS Things提供了丰富的SAL组件和方案。AliOS Things提供的SAL框架和组件，具有以下优势：

(1)为主控 MCU 外接通信连接芯片场景提供完整解决方案;

(2)可以降低上层应用开发基于外接通信连接芯片场景的应用难度,提高开发效率,加速产品部署;

(3)方便模组和设备厂商在现有成熟的 MCU 产品和方案上,通过外接通信芯片方式扩展网络连接能力,而不需要将现有的 MCU 芯片切换成 Wi-Fi 或其他具有网络通信能力的平台。

3.4 消息传输协议(MQTT)

3.4.1 MQTT 协议介绍

MQTT(Message Queuing Telemetry Transport,消息队列遥测传输)是 Arcom(现在的 Eurotech)和 IBM 公司开发的一种消息传输协议。MQTT 协议具有小数据量传输、功耗低、网络流量小等特点,能有效分配与传输最小数据包。这些特点使其更加适用于低功耗和网络带宽有限的 IoT 场景。MQTT 协议目前已成为物联网通信协议的重要组成部分。

MQTT 是一个轻量级基于发布/订阅模式的消息传输协议,该协议使用 TCP/IP 提供网络连接,提供有序、无损、双向连接。当前的版本是 MQTT v3.1.1,于 2014 年发布。除此之外,MQTT 协议存在一个简化版本 MQTT-SN,此版本主要针对嵌入式设备和物联网场景。

3.4.2 MQTT 协议特点

(1)使用的发布/订阅消息模式,提供了一对多消息分发,能解除应用程序耦合。

(2)在对负载内容屏蔽的消息传输机制。

(3)对传输消息有以下三种服务质量(QoS):

至多一次:消息发布完全依赖底层 TCP/IP 网络,会出现消息丢失或重复的现象,即≤1;

至少一次:确保消息抵达,但可能会发生消息重复的现象,即≥1;

只有一次:确保消息抵达一次,可以用在计费系统中,避免可能发生的消息重复或丢失数据而导致产生不正确结果的现象,即=1。

(4)小型传输,开销很小(协议头部只有 2 字节),协议交换最小化以减少网络流量。

(5)通知机制,异常中断时通知传输双方。

3.4.3 MQTT 协议的数据表示

MQTT 消息体主要分为三部分：有效载荷(payload)、固定报头(Fixed Header)和可变报头(Variable Header)。有效载荷存在于部分 MQTT 数据包中，表示客户端收到的具体内容；固定报头存在于所有 MQTT 数据包中，表示数据包类型及数据包的分组类标识；可变报头存在于部分 MQTT 数据包中，数据包类型决定了可变头是否存在及其包含的具体内容。固定报头为 2 个字节，其格式如表 3-1 所示。

表 3-1 MQTT 消息体格式

Bit	7	6	5	4	3	2	1	0
byte1	Messgae Type				DUP Flag	QoS Level		RETAIN
byte2	Remaining Length							
byte3	UTF-8 Encoded Character Data, if length>0							

其中，Messgae Type 为消息类型，大约有 14 种；Qos level 为服务质量，上一节提到有 3 种等级，分别为 Qos0、Qos1、Qos2，等级越高，产生的系统开销就会越多，因此对通信效率产生的影响也就越大；Remaining Length 是指除固定报头之外的消息长度，包括有效载荷部分和可变头部。

3.4.4 MQTT 协议

MQTT 协议中存在客户端和服务器端，其协议中有三种身份，包括发布者(Publisher)、代理(Broker)、订阅者(Subscriber)，如图 3-14 所示。其中，消息的发布者和订阅者都是客户端，而代理是服务器端。在消息传输过程中，消息的发布者可以同时是消息的订阅者。由 MQTT 协议传输的消息包括两部分：主题(Topic)和负载(payload)。订阅者需要订阅相对应的主题(Topic)，才能收到该主题(Topic)的消息内容，订阅者获取的具体内容就是该消息的负载(payload)。

图 3-14 MQTT 通信协议实现方式

1. MQTT 客户端

一个使用 MQTT 协议的应用程序或设备，它会建立到服务器的网络连接。客户端可以：

(1)发布消息，该消息可能会被其他客户端订阅；

(2)订阅消息，可以订阅其他客户端发布的消息，也可以订阅自身发布的消息；

(3)取消订阅或删除应用程序的消息；

(4)断开与服务器的网络连接。

2. MQTT 服务器

MQTT 服务器存在于发布者和订阅者之间，也被称为消息代理，它可以：

(1)接受客户端的网络连接；

(2)接受客户端发布的应用消息；

(3)处理来自客户端的订阅和退订请求；

(4)向订阅的客户端转发相对应主题的应用消息。

3. MQTT 协议中的方法

(1)Connect：等待客户端和服务器建立连接；

(2)Disconnect：等待客户端完成所做工作，并与服务器断开 TCP/IP 会话；

(3)Publish：客户端和代理建立连接后，客户端可以发布消息，每个消息必须包含一个主题；

(4)Subscribe：客户端发送订阅请求，服务器根据主题将消息转发给感兴趣的客户端；

(5)Suback：订阅应答，订阅成功后服务器向客户端发送一个 suback 消息进行确认；

(6)Unsubscribe：从服务器上删除某个客户端已存在的订阅；

(7)Unsuback：服务器通过退订响应消息确认退订请求。

3.5　感知设备软件框架(uData)

感知设备软件框架 uData 设计之初的思想是基于通用智能传感集线器概念基础之上的，是结合 IoT 的业务场景和 AliOS Things 物联网操作系统的特点设计而成的一个面向 IoT 的感知设备处理框架。uData 的主要目的是为了解决 IoT 端侧设备传感器开发的周期长、应用算法缺少和无云端数据一体化等痛点问题。在本节，我们先对通用智能传感集线器软、硬件框架进行阐述，然后对基于这一框架设计的 uData 感知设备软件框架进行阐述。

3.5.1　通用智能传感集线器软、硬件框架

智能传感集线器，也称为 sensor hub，是一种基于低功耗 MCU 和轻量级 RTOS 操作系统的软硬件结合的解决方案，其主要功能是连接并处理来自各种传感器设备的数据。智能传感集线器诞生之初主要是为了解决在移动设备端的功耗问题。现在随着移动业务特别是物联网业务的不断增加，其功能和性能都在不断迭代更新。使用 sensor hub 的最大好处是节省电能，而且能够让各类传感器持续打开而不关闭。

1. MEMS 传感器

在嵌入式移动设备中，比如智能手机、智能穿戴设备、家用医疗设备和其他一些智能硬件设备，所用到的物理传感器一般都是 MEMS 传感器即微机电系统(microelectro mechanical system)传感器。经过几十年的发展，技术水平已经得到高度的发展，同时作为一个交叉学科的先进技术，其外延自然地拓展到电子、机械、物理学等多学科领域。和传统的传感器相比，MEMS 传感器具有体积小、重量轻、成本低、功耗低、可靠性高、易于集成开发等优势。目前，MEMS 传感器主要有加速度计(accelerometer)、磁力计(magnetometer)、陀螺仪(gyroscope)、光感计(ambient light sensor)、接近光(proximity)、气压计(barometer/pressure)、湿度计(humidometer)等，按类型主要可以分为环境类传感器、运动类传感器、位置类传感器、健康类传感器等，如表 3-2 所示。

表 3-2 传感器类型

传感器列表	传感器类型	功能简介
光感器	环境类传感器	感知周围的光亮强度
温度计	环境类传感器	感知周围的环境温度
湿度计	环境类传感器	感知周围的环境湿度
气压计	环境类传感器	感知所在区域的气压值
紫外线	环境类传感器	感知所在区域的紫外线强度
PM2.5	环境类传感器	感知所在区域的 PM2.5 值
VOC	环境类传感器	感知所在区域的有害气体值
加速度计	运动类传感器	测算对象当时的加速度值
陀螺仪	运动类传感器	测算对象当时的角速度值
磁力计	位置类传感器	测算对象周围的磁场强度
接近光	位置类传感器	感知物体接近的距离
心率计	健康类传感器	测算对象当时的心率值
血压计	健康类传感器	测算对象当时的血压值

2. 智能传感器硬件框架

根据不同的终端设备和业务场景需求，当前的传感器硬件框架主要分为以下三种：MCU 内置型、MCU 外置型和 MCU 独立型。硬件组件主要有低功耗 MCU，比如 ARM7、ARM9 和 Cortex-M 系列等，外设主要是 MEMS 传感器，如加速度计、陀螺仪等。

图 3-15 为 MCU 内置型传感器硬件框架，目前主要是在智能手机中存在这样的硬件方案，SOC 上运行安卓或者 iOS，MCU 上运行轻量级的 RTOS。

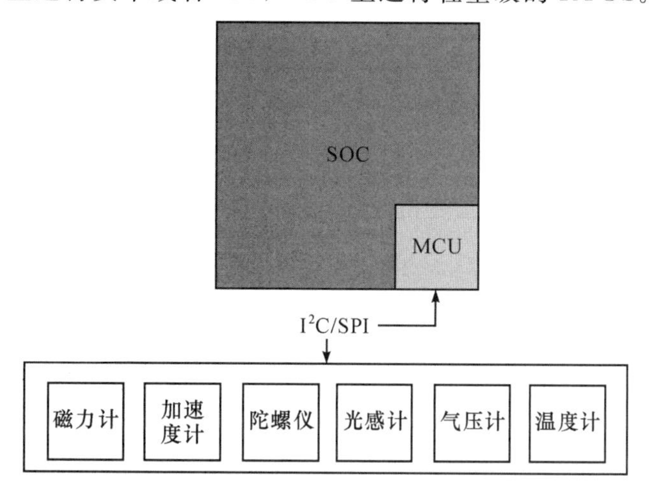

图 3-15 MCU 内置型传感器硬件框架

图 3-16 为 MCU 外置型传感器硬件框架，在没有内置型硬件架构之前，市面上的很多智能设备都基于这样的硬件方案。当然，目前这样的硬件方案还有很大的市场。

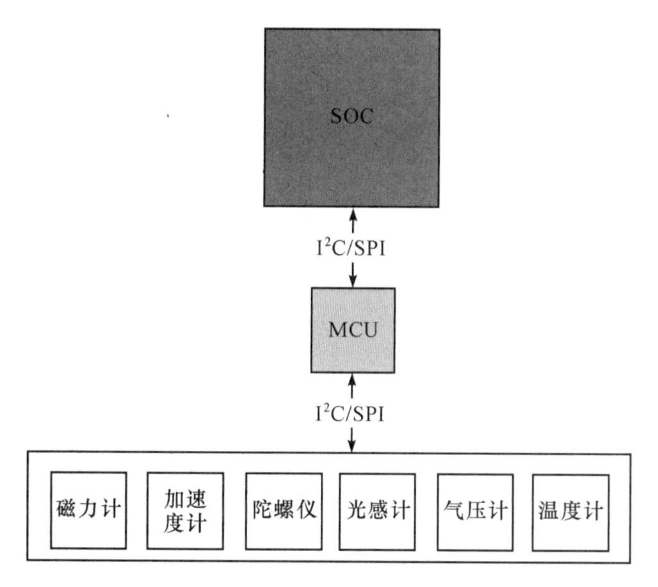

图 3-16 MCU 外置型传感器硬件框架

图 3-17 为 MCU 独立型传感器硬件框架，这种硬件方案主要是用于各种智能硬件设备，比如智能手环、扫地机器人等。

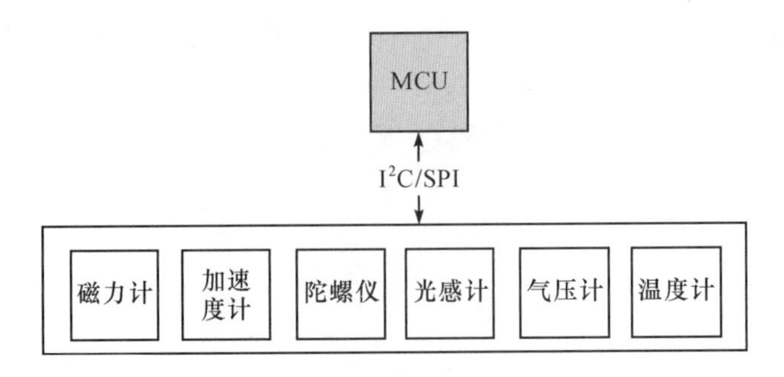

图 3-17 MCU 独立型传感器硬件框架

3. 智能传感器软件框架

通用的传感器软件框架，如图 3-18 所示，主要有 Sensor Framework 和 BSP 两大部分。具体按模块分的话，除 RTOS 和 MCU 外，可以分为如下模块：

Service Manager：负责管理各种传感器相关的算法的注册、配置等，比如管理计步器。

Device Manager：负责物理传感器的驱动管理、电源管理和配置管理。

Sensor Service：基于各种机理的传感器数据的应用算法，比如计步器、室内导航等。

Sensor Driver：主要是指物理传感器驱动，有些也包含了轴向映射、静态校准等功能。

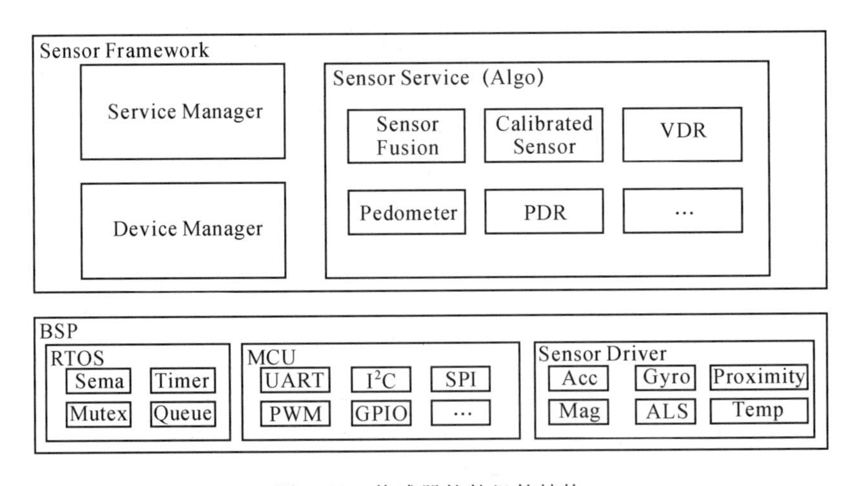

图 3-18 传感器软件组件结构

4. 传感器数据类型

传感器数据主要分两种类型：一种是物理传感器数据；另一种是在物理传感器数据基础上通过算法导出的数据，可以称之为虚拟数据或者软件数据，如表 3-3 所示。

表 3-3　传感器数据类型

数据类型	传感器类型	具体表述	使用场景
TYPE_ACCELEROMETER	物理传感器	Measures the acceleration force in m/s^2 that is applied to a device on all three physical axes(x,y,and z),including the force of gravity	Motion detection (shake,title,etc)
TYPE_AMBIENT_TEMPERATURE	物理传感器	Measures the ambient room temperature in degrees Celsius(℃). See note below	Monitoring air temperature
TYPE_GRAVITY	物理或虚拟传感器	Measures the force of gravity in m/s^2 that is applied to a device on all three physical axes (x,y,z)	Motion detection (shake,title,etc)
TYPE_GYROSCOPE	物理传感器	Measures a device's rate of rotation in rad/s around each of the three physical axes (x,y, and z)	Rotation detection (spin, turn, etc.)
TYPE_LIGHT	物理传感器	Measures the ambient light level (illumination) in lx	Controlling screen brightness
TYPE_LINEAR_ACCELERATION	物理或虚拟传感器	Measures the acceleration force in m/s^2 that is applied to a device on all three physical axes (x, y, and z), excluding the force of gravity	Monitoring acceleration along a single axis
TYPE_MAGNETIC_FIELD	物理传感器	Measures the ambient geomagnetic field for all three physical axes (x, y, z) in yT	Creating a compass
TYPE_ORIENTATION	虚拟传感器	Measures degrees of rotation that a device makes around all three physical axes (x, y, z)	Determining device position
TYPE_PRESSURE	物理传感器	Measures the ambient air pressure in hPa or mbar	Monitoring air pressure changes
TYPE_PROXIMITY	物理传感器	Measures the proximity of an object in cm relative to the view screen of a device. This sensor is typically used to determine whether a handset is being held up to a person's ear	Phone position during a call
TYPE_RELATIVE_HUMIDITY	物理传感器	Measures the relative ambient humidity in percent (%)	Monitoring dewpoint, absolute, and relative humidity
TYPE_ROTATION_VECTOR	物理或虚拟传感器	Measures the orientation of a device by providing the three elements of the device's rotation vector	Motion detection and rotation detection
TYPE_TEMPERATURE	物理传感器	Measures the temperature of the device in degrees Celsius (℃)	Monitoring temperatures

正如前面所表述的一样，使用 sensor hub 最大的好处就是可以降低功耗。在不使用 sensor hub 之前，所有的传感器都是直接挂载在 AP 上面的，AP 必须时刻处于 active 状态才能够处理传感器的数据。而且传感器相对于 AP 来说都是慢速设备，基本都是通过 I^2C 总线来进行数据访问的。这样对于高速的 AP 来说，要浪费相当多的资源来等待信息的获取，就会消耗大量功率，而如果采用低速的 MCU 来作为 AP 和 sensor 之间的桥梁，就可以使得 AP 的资源可以去做一些更关键的事件，从而降低功耗。

3.5.2 uData 感知设备软件框架

基于 AliOS Things 的 uData 感知设备软件框架是基于传统 sensor hub 概念之上的，其设计之初是遵循分层解耦的模块化设计原则，其目的是让 uData 根据客户的不同业务和需求组件化做移植适配。图 3-19 是当前架构模块，主要分 kernel 和 framework 两层。kernel 层主要负责传感器驱动、硬件端口配置和相关的静态校准，包括轴向校准等；framework 层主要负责应用服务管理、动态校准管理和对外模块接口等。下面我们对 uData 相关模块、数据类型以及数据读取方式进行详细阐述。

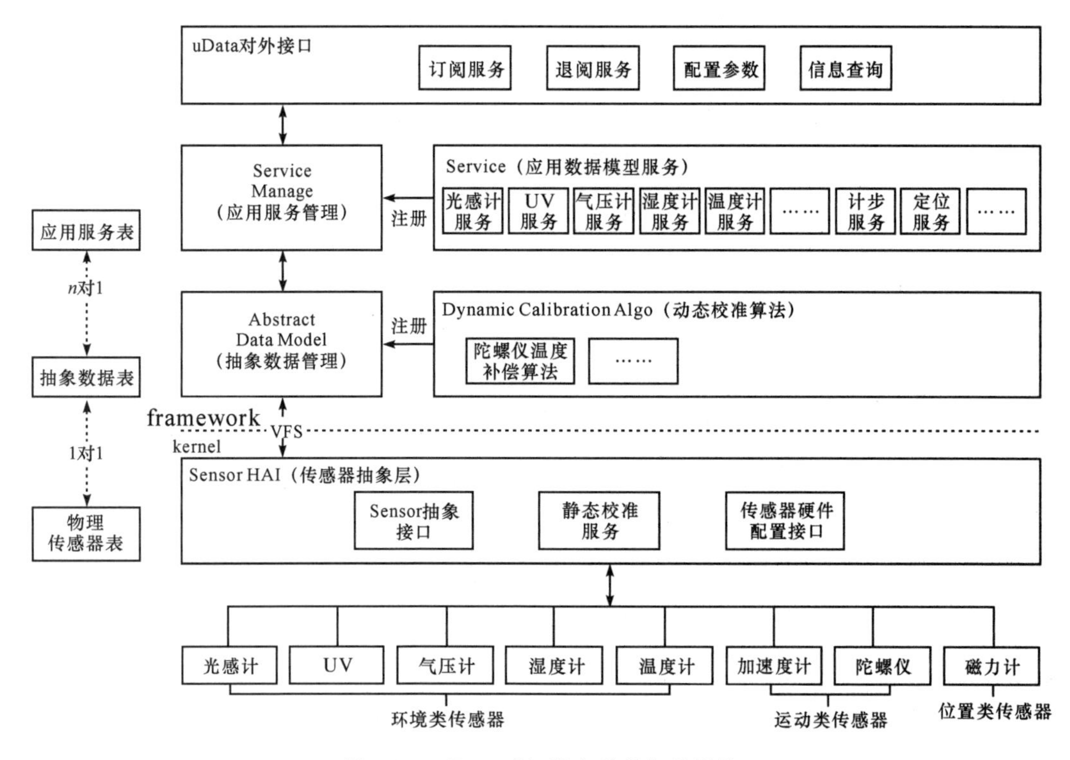

图 3-19　uData 感知设备软件架构模块

1. uData 关键模块说明

如图 3-19 所示，uData 目前主要由三大模块支撑整个架构，即应用服务管理模块、抽象数据管理模块、传感器抽象层模块。除此之外的其他模块均可以按照业务需求进行组件化配置或者增加新功能。三大模块的主要作用如下：

(1)应用服务管理模块：管理基于传感器的应用算法数据服务；支撑整个 uData 框架的事件调度机制；管理对外组件的业务需求等。

(2)抽象数据管理模块：主要负责对于物理传感器的抽象化管理和实际物理传感器分离，并且做 1∶1 的映射，还负责以 VFS 方式和 kernel 层 sensor 进行通信。

(3)传感器抽象层模块：主要负责提供物理传感器的驱动接口、提供静态校准的配置接口、提供硬件配置接口等。

在 uData 的设计框架之中，一共构建了 3 张数据表，这 3 张数据表分别为应用服务表、抽象数据表以及物理传感器表。这 3 张表相当于是 uData 框架针对传感器的物理抽象、数据抽象以及服务抽象。比如物理传感器表主要是管理系统可用的物理传感器数据表，系统本身具有的所有物理传感器都可以进行抽象然后放进这张数据表里；抽象数据表是用来管理对于物理传感器抽象的数据表；而应用服务表即管理基于传感器的应用算法数据表，可以通过这张表来给用户提供不同的服务。

2. uData 数据类型

uData 主要有两种类型的数据：一种是 uData 的应用算法数据类型，开发者和外部模块通常只和这类数据进行通信和交互；另一种是物理传感器数据类型，存在于 kernel 的 sensor 驱动层，并和 uData framework 层进行通信和交互，暂不对外开放。一般情况下，每一个应用算法服务数据会订阅一个物理传感器数据，也可能一个应用算法数据基于多个物理传感器数据。以下为两种数据类型的表述：

```
/* uData 应用算法数据类型 */
typedef enum
{
    UDATA_SERVICE_ACC = 0,          /* Accelerometer */
    UDATA_SERVICE_MAG,              /* Magnetometer */
    UDATA_SERVICE_GYRO,             /* Gyroscope */
    UDATA_SERVICE_ALS,              /* Ambient light sensor */
    UDATA_SERVICE_PS,               /* Proximity */
    UDATA_SERVICE_BARO,             /* Barometer */
    UDATA_SERVICE_TEMP,             /* Temperature */
    UDATA_SERVICE_UV,               /* Ultraviolet */
```

```
    UDATA_SERVICE_HUMI,          /* Humidity */
    UDATA_SERVICE_HALL,          /* HALL sensor */
    UDATA_SERVICE_HR,            /* Heart Rate sensor */
    UDATA_SERVICE_PEDOMETER,
    UDATA_SERVICE_PDR,
    UDATA_SERVICE_VDR,
    UDATA_MAX_CNT,
}udata_type_e;

/* uData 物理传感器数据类型 */
typedef enum{
    TAG_DEV_ACC = 0,      /* Accelerometer */
    TAG_DEV_MAG,          /* Magnetometer */
    TAG_DEV_GYRO,         /* Gyroscope */
    TAG_DEV_ALS,          /* Ambient light sensor */
    TAG_DEV_PS,           /* Proximity */
    TAG_DEV_BARO,         /* Barometer */
    TAG_DEV_TEMP,         /* Temperature */
    TAG_DEV_UV,           /* Ultraviolet */
    TAG_DEV_HUMI,         /* Humidity */
    TAG_DEV_HALL,         /* HALL */
    TAG_DEV_HR,           /* Heart Rate */
    TAG_DEV_SENSOR_NUM_MAX,
} sensor_tag_e;
```

当前的 uData 模块间通信是基于 AliOS Things 的 Yloop 异步处理机制的。当前 uData 所支持的异步事件如下所示，读者也可以在 includeaosyloop.h 中查阅相关信息。

```
/** uData event */
#define EV_UDATA                    0x0004
#define CODE_UDATA_DEV_READ           1
#define CODE_UDATA_DEV_IOCTL          2
#define CODE_UDATA_DEV_OPEN           3
#define CODE_UDATA_DEV_CLOSE          4
#define CODE_UDATA_DEV_ENABLE         5
```

```
#define CODE_UDATA_DEV_DISABLE          6
#define CODE_UDATA_SERVICE_SUBSRIBE     7
  /* 目前用于外部组件的订阅,如数据上云业务 */
#define CODE_UDATA_SERVICE_UNSUBSRIBE   8
  /* 目前用于外部组件的退阅,如数据上云业务 */
#define CODE_UDATA_SERVICE_PROCESS      9
#define CODE_UDATA_SERVICE_IOCTL        10
#define CODE_UDATA_REPORT_PUBLISH       11
  /* 当 uData 数据准备好之后,会广播事件通知相关的外部模块 */
```

在 uData 框架的 framework 层,目前设计了一个任务调度器(uData_service_dispatcher)和一个定时器(g_abs_data_timer)来实现整个 uData 的通信机制。

3. 数据读取方式

uData 是一个基于传感器的感知设备框架,其读取数据的方式总共有两种:一种是轮询方式,即基于定时器发起的方式,通过 MCU 不断去读取传感器的信息;另一种是中断方式,这种读取方式主要是基于传感器中断发起的方式,即传感器数据准备好以后向 CPU 发起一个中断请求,然后由 CPU 来读取传感器数据。一般来说,轮询方式来读取数据都能满足业务需求,虽然会占用一定的 CPU,但是操作简单方便,实用性高;中断读取方式更多的是用于一些需要低功耗的场景之下。

根据上面的各模块介绍,汇总可以得到图 3-20,它体现了我们对整个 uData 框架的整体实现和通信机制的理解和认识。

3.5.3　总结

uData 框架搭建了一个云管端的一体化数据模型,采集到的传感器数据和算法数据可以上传云端做大数据分析。同时,uData 提供本地算法供不同业务使用。在底层,uData 提供丰富的传感器驱动库,努力实现传感器即插即用,降低应用开发成本和时间。

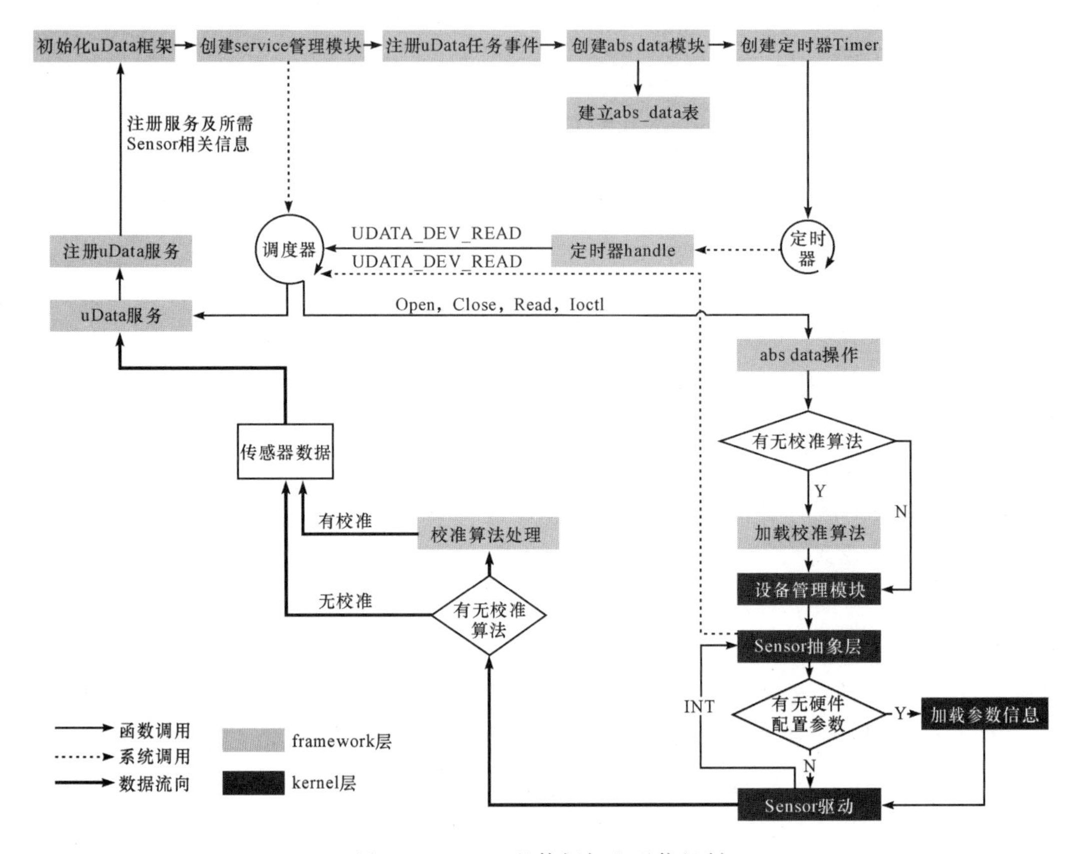

图 3-20 uData 整体框架和通信机制

3.6 JavaScript 引擎 Bone Engine@Lite

3.6.1 Bone Engine@Lite 的开发背景

当前物联网开发技术发展迅速，众多研究者提出了很多创新的开发方法，但仍有一些物联网开发的问题亟待解决。具体而言，传统的物联网开发属于嵌入式开发，要求开发者具备较强的 C/C++语言知识，同时要有较强的硬件基础，如通过指针操作内存，通过系统调用操作外设，通过寄存器读取外设状态等。这对开发者提出了较高的编程语言能力要求以及对硬件理解的能力。同时，传统的物联网开发由于使用本地编译、链接、下载方式，针对不同的设备或平台，即使是完成同样的应用场景，例如点灯这样一个简单的操作，也需要重新编译、链接、下载，在物联网终端分散、碎片化、场景应用复杂的需求下，这种开发方式显得有些效率低下。另外，由于 C/C++语言的调试方式以 gdb 为主，图形化的调试工具较少或性能较低，也给后期的调试、发布带来了一些困难。

总而言之，当前的物联网开发技术现状如下：

(1)开发难度高，需要开发者有硬件基础；

(2)模块复用难，集成功能效率低下；

(3)开发和调试手段较少；

(4)发布及升级有风险。

3.6.2 Bone Engine@Lite 的特点

针对上述问题，Bone Engine@Lite 提供了一个专门为嵌入式系统设计且面向 IoT 业务的高性能 JavaScript 引擎，同时针对主流的嵌入式操作系统提供一体化的开发框架，提供丰富的扩展接口及调试手段，以方便开发者开发。

之前在物联网开发过程中较多采用 C/C++语言来开发，目前通过 Bone Engine @Lite 引擎也可以用 JavaScript 语言来进行开发。总结起来，可以认为 C/C++语言更倾向于内核及硬件底层的开发，而 JavaScript 语言更适合在内核之上开发物联网应用。

不同于 Node. js，Bone Engine@Lite 更加轻量化，适用于资源（CPU/ROM/RAM）比较紧张的场景。当前主流的轻量化 JavaScript 引擎有 Tiny-JS、JerryScript、Espruino、Duktape 等。

Bone Engine@Lite 的主要特点可以归纳如下。

1. 面向 IoT 业务的高性能 JavaScript 引擎

(1)资源占用少：Bone Engine@Lite 专门针对嵌入式系统设计，所以在 JavaScript 部分做了性能优化和裁剪。经测试，可以做到在 RAM<10KB，ROM<10KB 的系统上运行。

(2)CPU 性能高：通过优化的词法和句法分析器，支持栈模式，降低了 CPU 的使用率。

(3)面向 IoT 应用场景的 JaveScript 支持能力：由于 Bone Engine@Lite 是面向 IoT 的，所以其内置了面向 IoT 的 Espruino 精简语法及常用的 IoT 功能模块，如 MQTT、Wi-Fi、硬件扩展等。

2. 跨平台及一体化的应用编程框架

(1)通过硬件抽象层 HAL 以及操作系统抽象层 OSAL，Bone Engine@Lite 可以运行在 AliOS Things、FreeRTOS、Linux 之上。

(2)在 OSAL 和 HAL 层之上，Bone Engine@Lite 构建了统一的物联网应用开发框架，内置了设备上云的能力，可以与阿里云一站式开发平台直接对接，并有标准的设备模型。

(3)支持板级驱动、模块、设备驱动的动态加载，JavaScript 应用可以云端动态加载运行。

3. 提供一体化开源部署工具

Bone Engine@Lite 提供了基于 IDE 图形化和 cli 命令行的开发和部署工具，方便开发者基于 Bone Engine@Lite 来开发 IoT 应用。

4. 开源的开发者生态

Bone Engine@Lite 通过开源吸引更多的开发者和独立软件开发商(ISV)使用，并基于不同的 IoT 场景开发出更多的 IoT 应用，逐步完善基于阿里 IoT 的开源生态。

3.6.3 Bone Engine@Lite 设计思想

上面提到的传统物联网设备开发存在一些局限性，Bone Engine@Lite 很好地解决了这些问题，其关键在于引入了解释型语言 JavaScript。解释型语言是相对于编译型语言来说的，是指使用专门的解释器对源程序进行逐行解释成特定平台的机器码并立即执行的语言。由于有了解释器，所有语言无须提前编译，可以直接在运行时解析并运行。所以，Bone Engine@Lite 通过在嵌入式系统上实现 JavaScript 的解析器，使得 JavaScript 也可以运行在嵌入式系统甚至没有操作系统的单片机上。

Bone Engine@Lite 通过抽象操作系统接口层 OSAL 及硬件抽象层 HAL，使得其可以运行在不同的系统和硬件上面，屏蔽了操作系统和硬件的细节，使得开发者可以专心使用 JavaScript 来开发应用。

Bone Engine@Lite 通过针对 IoT 开发的 framework，提供了常用的 IoT 协议，如 HTTP、MQTT、Wi-Fi、ZigBee 等，并直接对接阿里云一站式开发平台，使得开发一款 IoT 设备更加简单。

3.6.4 Bone Engine@Lite 的技术架构

Bone Engine@Lite 的技术架构如图 3-21 所示。可以看出，Bone Engine@Lite 在 OS 抽象层和硬件 I/O 抽象层之上。其中，OS 抽象层(OSAL)用于封装操作系统的接口。例如，OSAL 实现了以下这些接口：

be_osal_init_yloop：在主任务创建一个事件处理循环，类似于线程。

be_osal_post_event：事件通知接口。

be_osal_delay：延时接口。

be_osal_new_task：创建一个任务接口。

be_osal_timer：定时器接口。

这些 OSAL 的封装屏蔽了具体的操作系统，但实现了操作系统的通用操作接口，以提供给 Bone Engine@Lite 调用，如此便实现了 Bone Engine@Lite 跨 OS 的效果。

同样的，HAL 层封装了 GPIO、I^2C、UART、SPI、PWM 的各种操作。这样对于 Bone Engine@Lite 的调用来说，则屏蔽了具体的硬件驱动实现，如此便实现了 Bone Engine@Lite 跨硬件平台的效果。

另外，Bone Engine@Lite 通过 app-manager 实现了基于云平台的应用动态加载和分发，开发者可以在本地编写 JavaScript 应用，通过云端平台发布，并运行在不同的端设备上。

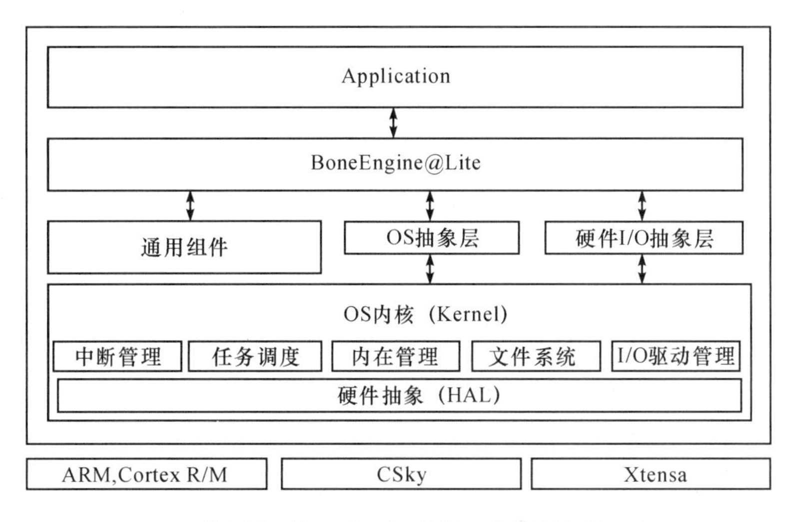

图 3-21 Bone Engine@Lite 的技术架构

3.6.5 总结

通过 Bone Engine@Lite，开发者无须了解底层硬件驱动的实现细节，只需关注某个控制对象，让开发者尽量关注应用本身的开发而无须考虑硬件驱动的实现。Bone Engine@Lite 的设计初衷也是为了降低物联网开发的门槛，让物联网开发如开发 Web 应用一样简单。

3.7 智能语音服务(Link Voice)

Link Voice SDK 是帮助在 AliOS Things 上实现智能语音服务的 SDK。本节将简要介绍阿里智能语音服务及其在 AliOS Things 上的功能集成。

3.7.1 阿里智能语音服务

阿里巴巴为 IoT 领域专门打造了名为 Pal 语音的语音服务，其优势及特点如下：

(1)2016 年国内市场智能音箱激活设备 60%以上使用 Pal 服务。

(2)自动语音识别(automatic speech recognition，ASR)的识别句正确率 95%，自然语言处理(neuro-linguistic programming，NLP)理解正确率 98%，用户体验正确率 91%。

(3)与多个内容平台达成合作，拥有虾米、百度音乐、豆瓣、蜻蜓 FM、喜马拉雅的音频和广播内容的播放版权。

(4)灵活的架构设计，支持多 ASR 引擎、多重文本到语言(text to speech，TTS)

服务，允许以子自然语言理解(natural language understanding，NLU)形式进行语义服务层合作。

(5)语音领域服务覆盖音乐、智能家居、生活服务三大类，覆盖90%以上的语音使用场景。

(6)结合阿里智能，为硬件厂商提供一站式的硬件智能化和交互语音化服务。

(7)联合智能家居及智能语音产业链合作伙伴，为硬件厂商提供完整的端到端解决方案。

图3-22给出了Pal语音服务结构。由图可知，语音服务主要包括语音技术、自然语言处理技术、数据服务及微服务平台等。

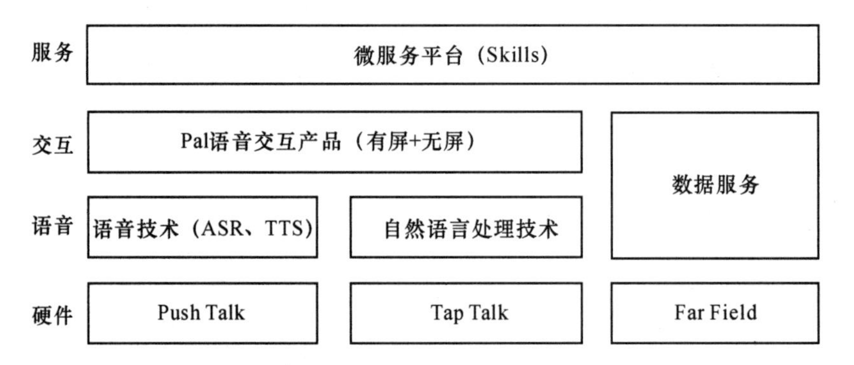

图3-22 Pal语音服务结构

如图3-23所示，Pal语音服务对于不同的终端硬件，提供了设备端SDK支持AliOS Things、RTOS、Linux、Android几种主流平台的方案，使用户能够快速地为智能设备加上语音交互能力。

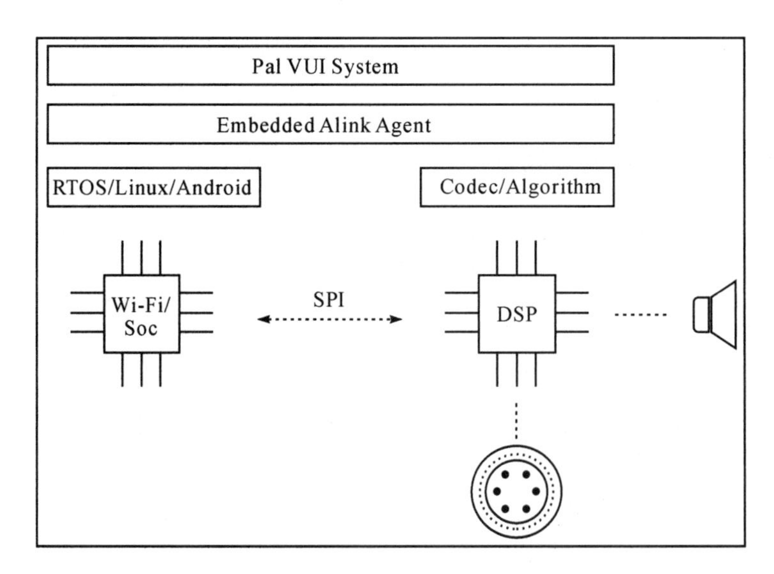

图3-23 Pal语音服务硬件方案

Pal 语音在 SDS 服务基础上运行，厂家可使用平台提供的 SDK 进行设备端和手机 app 端的开发。设备端/手机 app 端 SDK 及接口及其说明如表 3-4 所示。

表 3-4 Pal 语言服务 SDK 接口说明

SDK 接口名称	功能说明	使用场景	适用端
Open SDK	Open SDK 是 SDS 服务的基本能力，包括账户服务、设备连接服务等	必选	设备端(安卓)、手机 app 端(安卓&iOS)
Pal SDK	语音服务 SDK，包括语音采集、云端对接、语音反馈等全链路语音服务，可实现语音搜歌、歌曲播放、语音对话等功能	必选	设备端(安卓)
二维码 生成方法	生成二维码，用户使用手机 app 扫码后可实现手机和设备的绑定，绑定后手机可远程控制设备进行播放歌曲、设置状态等操作	可选，适用设备端采用安卓方案，且需要开发自有手机 app 的厂商	设备端(安卓)
语音界面 Mtop 接口	用来开发语音相关界面，包括音乐内容浏览发现、内容管理(收藏、播放历史)、语音技能等功能	可选，相关功能可在安卓设备端开发，也可在手机 app 端开发	设备端(安卓)、手机 app 端(安卓&iOS)
淘宝账号 登录 SDK	用户使用淘宝账号登录，完成与厂商自有账号的绑定，绑定后可以通过语音控制阿里智能的智能家居设备。支持账号密码和手机淘宝扫码两种登录方式	必选，需要在 UI 上设置智能家居控制菜单，用户进入菜单提示绑定淘宝账号	设备端(安卓)、手机 app 端(安卓&iOS)

3.7.2 功能集成

AliOS Things 已经集成了阿里语音服务。设备接入阿里语音服务，需要集成 Alink SDK 和 Link Voice SDK，其中 Alink SDK 为设备提供接入阿里 IoT 平台的连接、账号体系、配网、OTA 等能力，而 Link Voice SDK 为设备提供阿里智能语音服务。具体实施时，设备首先要集成 Alink SDK 为 SDS 平台的一个设备，才能通过集成 Link Voice SDK 使用阿里智能语音服务。

Link Voice SDK 除了依赖 Alink 为设备完成平台接入设备管理外，还需要表 3-5中的各个模块完成相应工作。其中，websockets 用来进行语音数据的交互；opus 完成语音录制的 PCM 格式到 opus 格式的转换(服务端只接收 opus 格式)；cJSON 用来做 JSON 数据解析；而 Mbedtls 为 ALink 和 websockets 的底层连接进行加密，为其数据传输提供安全保障。

表 3-5 Link Voice SDK 的功能模块

模　　块		备注
一级模块	Link Voice SDK	阿里智能语音服务 SDK
二级模块(供一级模块直接调用)	Alink SDK	接入阿里 SDS 平台的设备端 SDK
	websockets	传输语音数据
	opus	opus 格式编码库
	cJSON	JSON 数据解析
三级模块(ALink 与 websockets 数据加密)	Mbedtls	SSL

目前 AliOS Things 已完成表 3-5 中所有模块的移植适配工作并将其集成进来，所以用户可以直接使用 AliOS Things 完成智能语音开发。这里建议主 MCU 的 Flash≥512KB；RAM≥256KB；CPU 如果不支持 opus 硬件编码，建议 CPU 频率≥180MHz。

3.7.3 单次语音　识别流程

单次语音识别流程如图 3-24 所示。系统开始工作后，首先进行录音，得到 PCM 数据，之后 PCM 数据被编码成 opus 格式，并被传送到服务器端。如果服务器端识别到录音结束，则开始等待语音结果。如果服务器端没有检测到录音结束，则检查是否录音超时。如果录音超时，说明录音时长已到，则同样等待语音结果。如果录音没有超时，则返回，继续录音。等待到语音结果后，播放相应的结果。

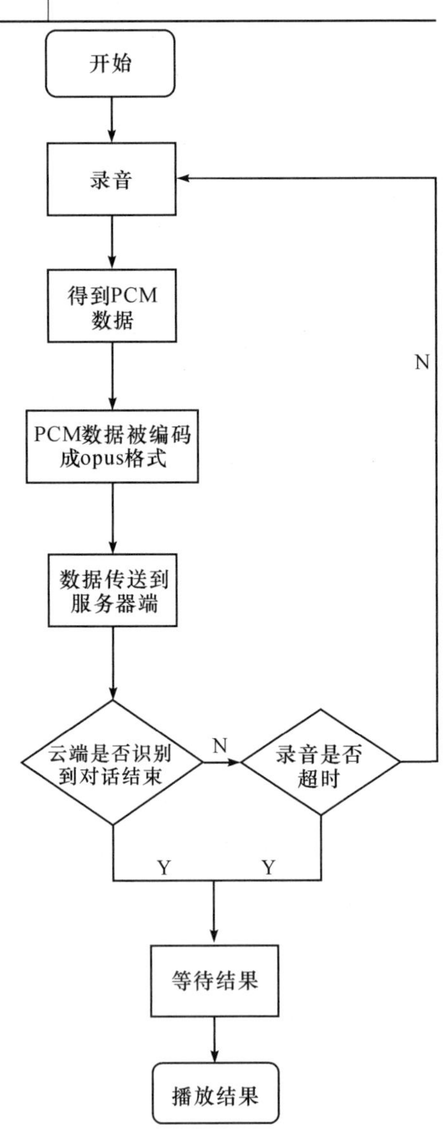

图 3-24　单次语音处理识别流程

3.8 安全支持

3.8.1 物联网安全

安全本身是一个很广泛的概念，涵盖人身安全、财产安全、信息安全等，本书主要从信息安全的角度来阐述物联网领域里的安全概念。

物联网需要构建端到端安全，涵盖设备（安全算法、芯片、操作系统、设备认证）、连接（传输）和云服务，以及在全流程中的安全管理（数据安全、组织安全、灾难恢复与业务连续性）。物联网安全可以应用互联网中很多成熟的概念和做法，但在实施的过程中发现，随着物联网设备数量的爆发、应用场景的快速增长以及与人们工作和日常生活的结合越来越紧密，物联网安全事件频发且影响面很大。能否解决好安全问题，将成为物联网能否健康发展的关键性因素。

作为一个新兴事物，物联网安全在实施过程中遇到了很多问题：物联网产品多样化、成本和安全需要平衡、物联网厂商缺少安全基因、低级漏洞多、物联网安全产品零散、缺乏体系化的端到端解决方案、物联网安全标准缺失、最低水位线模糊，以及在物联网发展初期，很多厂商将产品的推广、上量摆在首位而无暇顾及安全。所有这些问题的解决将对物联网安全的推广、实施起着至关重要的作用。

3.8.2 设备认证方案 ID^2

与互联网世界中主要面向使用者（人、账号）不同，物联网中主要参与方是设备，很多设备甚至没有人机接口（如键盘、显示屏），所以对设备的合法认证是构建物联网安全的基石。对物联网设备的认证技术需要支持巨量的连接数、面对碎片化的设备形态，以适应不同的功耗、成本、安全等级要求。为此，阿里推出了 ID^2 设备认证方案。

ID^2 是一种物联网设备的可信身份标识，具备不可篡改、不可伪造、全球唯一的安全属性，是实现万物互联、服务流转的关键基础设施。ID^2 支持多等级安全载体，合理地平衡物联网在安全、成本、功耗等各方面的诉求，为客户提供用得起、容易用、有保障的安全方案，适应物联网碎片化的市场需求。图 3-25 给出了 ID^2 的架构。其中，分发中心通过和生态厂商合作构建安全产线，确保 ID^2 安全预置到各种安全载体里面；认证中心提供基于 ID^2 的安全认证服务，以 ID^2 作为可信根（Root of Trust，RoT），是设备构建其他安全业务的基石。

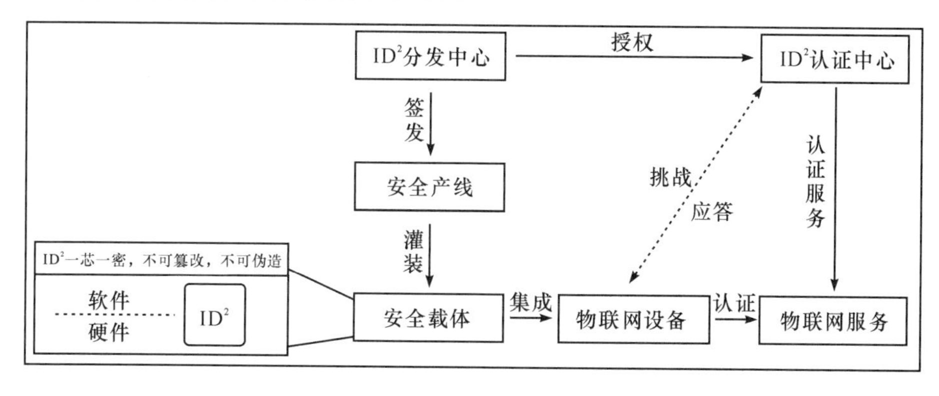

图 3-25 ID^2 的架构

图 3-26 是 ID² 的使用场景示例。设备商通过集成支持 ID² 的安全载体，只需在设备端和云端分别调用 ID² 提供的接口，即可快速构建业务安全，而无须在云端和设备端搭建高成本的密钥管理系统和进行相关的安全设计与开发。

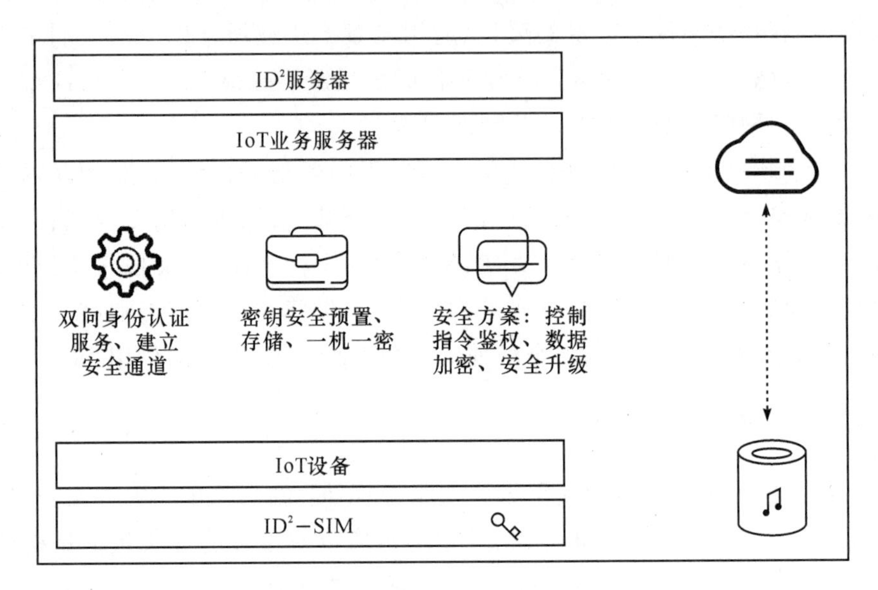

图 3-26　ID² 使用场景示例

图 3-27 是用户对接 ID² 的步骤：首先，需要客户先做硬件的对接工作，并且由安全芯片商协助移植 ID² SDK 需要的 HAL 层和驱动。其次，阿里在客户提供的支持接口上完成 ID² SDK 移植。之后进行业务服务器与 ID² 服务器的对接工作，通过测试 ID² 实现设备和服务器的联调测试。完成以上步骤后，客户可以进行业务操作，同时阿里也可以根据客户提供的业务流程来协助客户进行方案设计。

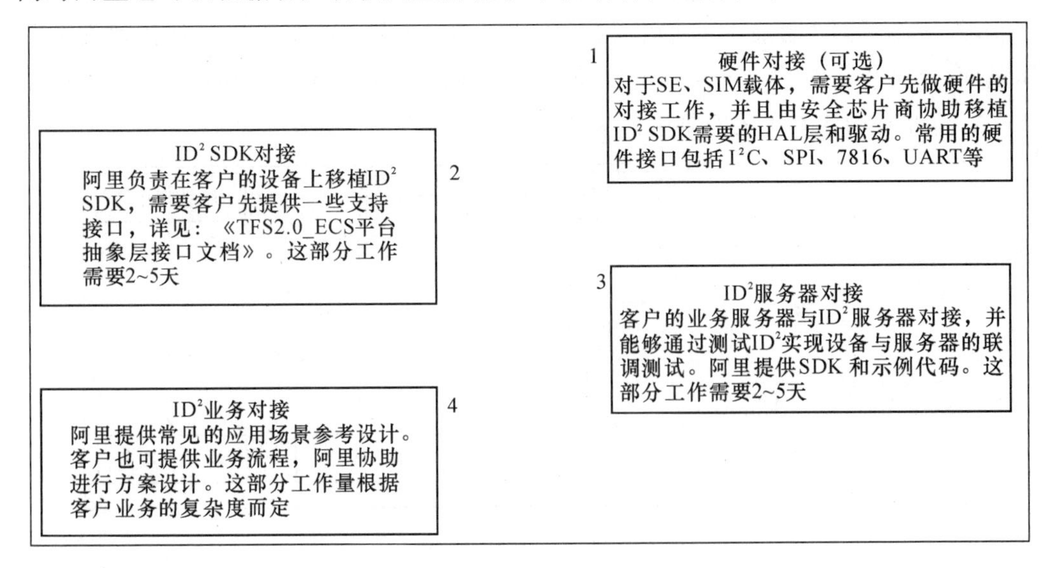

图 3-27　用户对接 ID² 的步骤

3.8.3 安全连接协议 iTLS

在实际的物联网应用中，为了保证通信数据的安全，需要进行链路双向认证，建立安全通道，保证数据的私密性、完整性和不可抵赖性。在传统互联网领域，安全传输层协议(TLS)基于公钥基础设施(PKI)，通过证书交换和认证，保证通信双方的身份合法，建立安全通道，保证数据的私密性和完整性。在物联网(IoT)领域，一方面，很多 IoT 小设备由于资源和计算能力有限，无法满足证书的解析和认证要求；另一方面，标准 TLS 的认证报文较大，在一些低速网络中，传输的实时性较差，甚至不可用。因此，需要设计一种针对物联网的轻量级的安全连接协议，提供类似标准 TLS 的安全能力，同时减少协议对设备和网络的依赖，满足物联网对连接安全的需求。

iTLS(ID^2 based TLS)的设计兼容标准 TLS 的握手流程和接口定义，除去不必要的证书解析和认证接口调用，接口的调用和使用流程保持和标准 TLS 一致。

iTLS 相比于标准 TLS，在代码大小、对内存的使用、数据报文的大小等方面均有极大的优化，对轻量级的物联网设备以及低速网络通信均有很好的支持。

第 4 章　支持硬件和开发编译环境介绍

在前面章节中，我们已经介绍了 AliOS Things 的 kernel 和各种组件的原理与运行机制。本章将主要介绍 AliOS Things 的硬件支持列表，以及专为 AliOS Things 设计的编译软件 alios-studio。后面章节中实战例程是基于 alios-studio 的编译环境进行操作的。

4.1　硬件支持列表

为更好地提供服务，AliOS Things 不断支持各种类型的 MCU，目前硬件支持列表如下：

ARM

ARM968E-S

- MXCHIP MOC108
  - MXCHIP MK3060

ARM Cortex-M0＋

- ST Micro STM32 L0
  - MXCHIP EML3047
  - NUCLEO-L073RZ
  - MXCHIP STM32L071
- NXP Kinetis® L Series
  - FRDM-KL27Z(MKL27Z64VLH4)
- MXCHIP ST BlueNRG-1

ARM Cortex-M3

- MXCHIP MX1101
  - MK1101

ARM Cortex-M4

- ST Micro STM32 F4/L4
  - B-L475E-IOT01A
  - NUCLEO-L432KC
  - 32L496GDISCOVERY
  - MXCHIP STM32L412
- NXP LPC5410x
- LPCXpresso54102
- GigaDevice GD32 F4
- Eastsoft ES8P508x
- MXCHIP
  - MK3166
  - MK3239
- REALTEK IoT Low-Energy SoC
  - RTL8710BN
  - RTL8710BX
- South Silicon Valley
  - SSV6266P
- RDA
  - RDA5981
- Cypress
  - PSoC 6
- XradioTech
  - XR871
- Actions Technology
  - ATS3503
- Beken
  - BK3435
  - BK7231
- TI
  - CC3220S
- Nordic
  - nRF52840

ARM Cortex-M7

- ST Micro STM32 F7
  - STM32F769I-DISCO

    Cortex-a5、a7、a8、a9/Cortex-r5、r7

Xtensa

- LX6(ESP32)

  ESP32-DevKitC
- LX106(ESP8266)

  ESP8266

AndesCore

- MVSILICON P20

C-SKY

- CK801
- CK802
  - CH2201
  - CB2201
- CK803
- CK807
- CK810
- CK860
- CK610

Renesas

- RL78 Family
  - R7F0C004
- RX Family
  - RX65N

Linux

- user mode simulation

  linuxhost

4.2　IDE 使用和编译指南

alios-studio 是 AliOS Things 提供的集成开发环境(IDE),支持 Windows、Linux、Mac OS 等操作系统。本小节将介绍 alios-studio 的安装流程以及使用指南。

4.2.1　安装与开发环境简介

本小节主要介绍如何在 PC 端安装 AliOS Things 的软件开发环境,主要以 Windows 环境为主,本书中的其他例程也是基于 Windows 环境下的 IDE 进行开发的。

1. Linux 系统下开发环境安装方法

如果您是直接在一台 Linux 机器上运行 AliOS Things,可以按照以下步骤直接安装适宜 Linux 的开发环境:

(1)安装 aos-cube。

首先使用 python 包管理器 pip 来安装 aos-cube 在全局环境,以便于后续使用 alios-studio 进行开发。

```
pip install aos-cube
```

请确认 pip 环境是基于 Python 2.7 版本的。如果遇到权限问题,可能需要 sudo 来执行。

(2)配置环境。

按照以下命令手动安装依赖的软件包。

例如:在一台 Ubuntu 16.04 LTS (Xenial Xerus)64-bit PC 上,可以按照如下方式进行安装。

```
sudo apt - get install - y python
sudo apt - get install - y gcc - multilib
sudo apt - get install - y libssl - dev libssl - dev : i386
sudo apt - get install - y libncurses5 - dev libncurses5 - dev : i386
sudo apt - get install - y libreadline - dev libreadline - dev : i386
sudo apt - get install - y python - pip
sudo apt - get install - y minicom
```

(3)下载代码并编译运行。

按照以下命令下载指定的代码并进行编译运行。

```
git clone https://github.com/alibaba/AliOS-Things.git
cd AliOS-Things
aos make helloworld@linuxhost
./out/helloworld@linuxhost/binary/helloworld@linuxhost.elf
```

(4)运行效果。

运行以后可以看到 app_delayed_action 在 1 秒时启动，每隔 5 秒触发一次。

```
$ ./out/helloworld@linuxhost/binary/helloworld@linuxhost.elf
  [    1.000]<V> AOS [app_delayed_action#9] : app_delayed_action : 9 app
  [    6.000]<V> AOS [app_delayed_action#9] : app_delayed_action : 9 app
  [   11.000]<V> AOS [app_delayed_action#9] : app_delayed_action : 9 app
  [   16.000]<V> AOS [app_delayed_action#9] : app_delayed_action : 9 app
```

2. Window 系统下安装开发环境

(1)aos-cube 安装。

aos-cube 是 AliOS Things 在 Python 下面开发的项目管理工具包，依赖于 Python 2.7 版本。在 Python 官网下载对应的 2.7 版本的 Python MSI 安装文件，安装时，选择“pip”和“Add python.exe to Path”两个选项(见图 4-1)。

【注意】 Python 请安装到不含空格的路径下。

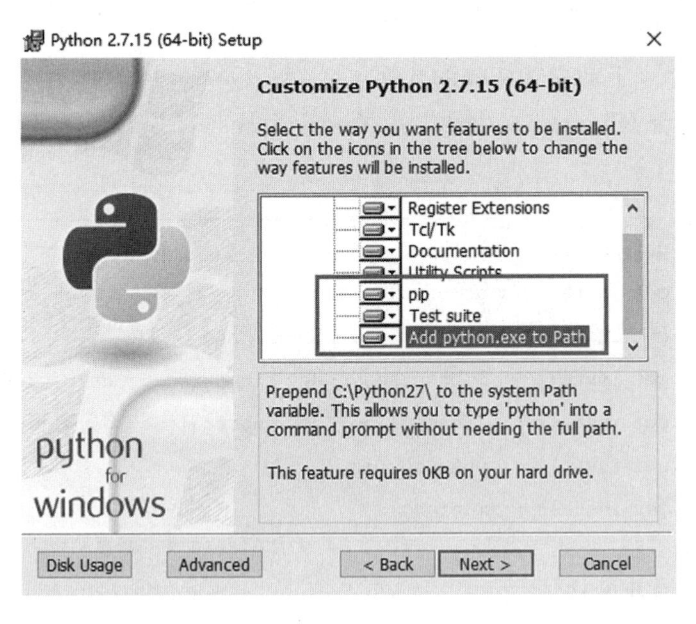

图 4-1 Python 安装

安装配置完成 Python 后，使用 pip 安装 aos-cube。

```
$ pip install -- user setuptools
$ pip install -- user wheel
$ pip install -- user aos - cube
```

(2)交叉工具链。

Windows 工具链可以在 GCC 官网中(链接 https://launchpad.net/gcc-arm-embedded/+download)下载 Windows 的 exe 文件安装，勾选 Add path to environment variable 选项，如图4-2所示。

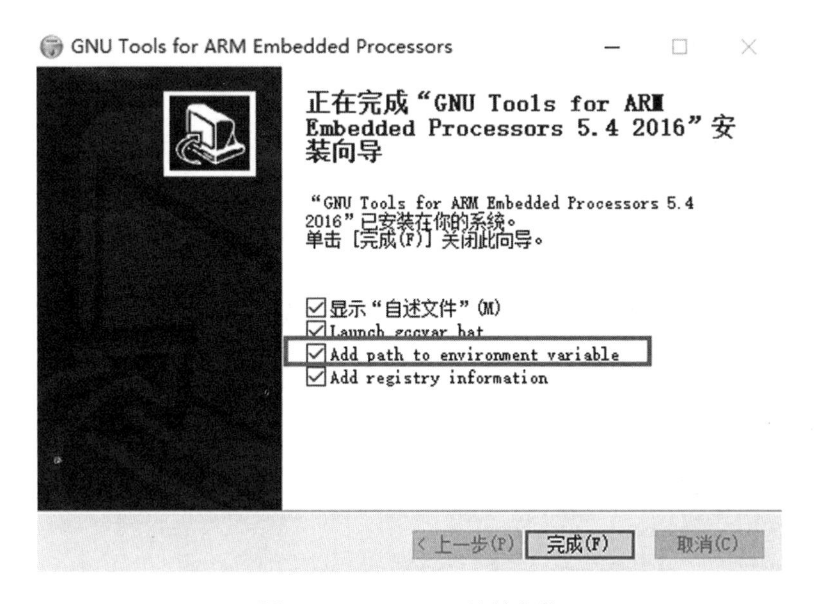

图 4-2　Windows 工具链安装

(3)驱动安装。

① 串口驱动——FDTI 驱动。FDTI 驱动，在 http://www.ftdichip.com/Drivers/D2XX.htm 网站下载 Windows 驱动程序并安装，对应驱动安装完成后，连接设备，可在“计算机”→“设备管理”→“端口”，查看对应转换端口状态，如图 4-3 所示。

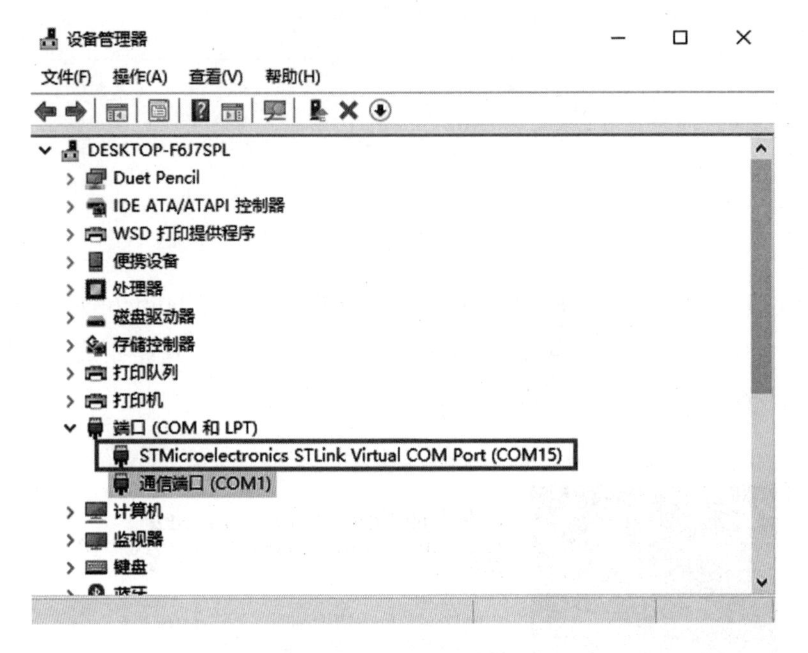

图 4-3 FDTI 驱动安装

②ST-Link 驱动安装。ST-Link 驱动可以在 ST 官网下载对应版本进行安装，如图 4-4 所示。

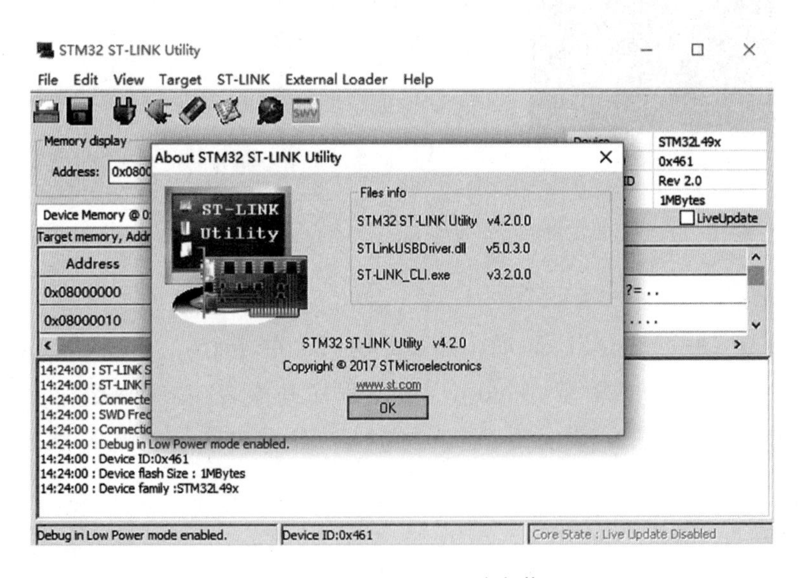

图 4-4 ST－Link 驱动安装

3. Windows 系统下 alios-studio 安装

(1)下载安装。alios-studio 是 Visual Studio Code 插件，所以需要首先安装 Visual Studio Code，通过插件的方式安装 alios-studio。

(2)Visual Studio Code 安装。

在 Visual Studio Code 官网(https://code.visualstudio.com)下载安装包并安装。Visual Studio Code 调试等部分功能依赖.NET Framework 4.5.2。如果您使用的是 Windows 7 系统,请确保安装了.NET Framework 4.5.2。

(3)alios-studio 安装。

打开 Visual Studio Code,单击左侧的"扩展"按钮,搜索 alios-studio,单击"安装"即可,如图4-5所示。

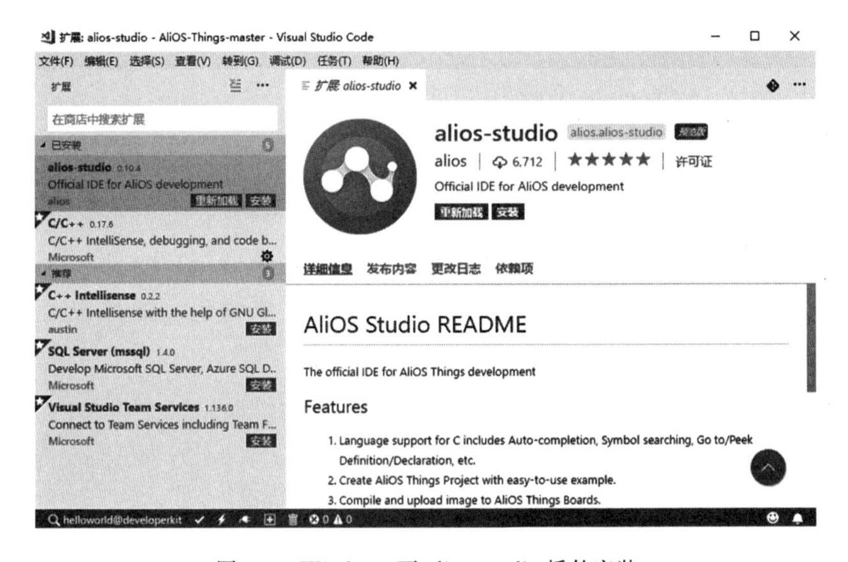

图 4-5　Windows 下 alios-studio 播件安装

在安装完成 alios-studio 插件之后,需要安装 C/C++插件,操作步骤同上,如图4-6所示。

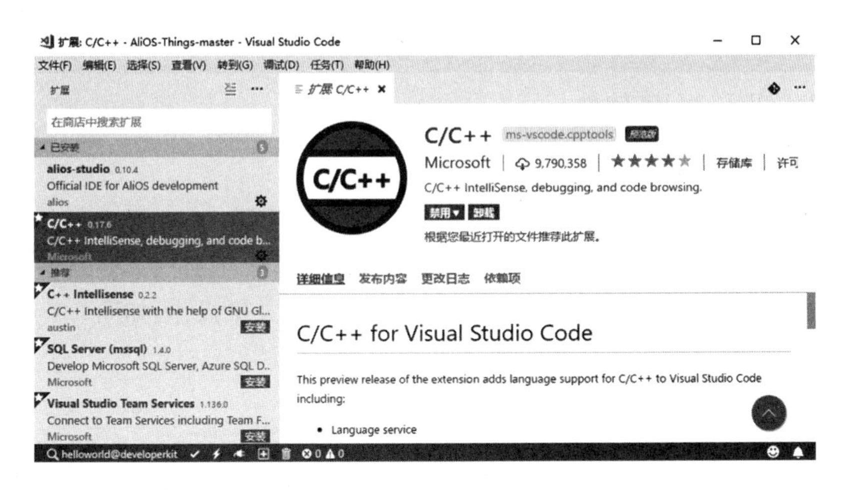

图 4-6　C/C++插件安装

安装完成后，会提示重启 Visual Studio Code，重启后 alios-studio 插件生效。

4. Windows 系统下一键安装包安装方式

以上的安装方式都是手动搜索下载所需要的文件并安装，不过我们也可以直接使用一键安装包的方式进行安装，该安装包是一个压缩包文件，下载后解压缩，里面有所有安装文件，下载链接为：http://p28phe5s5.bkt.clouddn.com/setup_windows.zip

Python 2 和 Git 安装完成以后，在 Git Bash 中安装 aos-cube 和相关的 packages：

```
$ pip install --user setuptools
$ pip install --user wheel
$ pip install --user aos-cube
```

请确定下载运行完 pip install aos-cube 后 esptool、pyserial、scons 和 aos-cube 全部被成功安装，如果失败需要自行一步步安装这些依赖包。如果只是升级 aos-cube，可以按下述步骤操作：

```
$ pip install --upgrade setuptools
$ pip install --upgrade wheel
$ pip install --upgrade aos-cube
```

5. 下载 AliOS Things 代码

从 GitHub 克隆(git clone)网站：https://github.com/alibaba/AliOS-Things.git 或者从国内镜像站点下载：git clone https://gitee.com/alios-things/AliOS-Things.git

4.2.2 alios-studio 软件

1. Visual Studio Code 介绍

Visual Studio Code 是微软推出的一款跨平台编辑器，对 C 语言的编辑、导航、调试有强大的支持。Visual Studio Code 通过安装 C/C++插件提供强大的 C 语言支持。编辑器内，在符号上右击可以进行跳转、查看定义等操作，如图 4-7 所示。

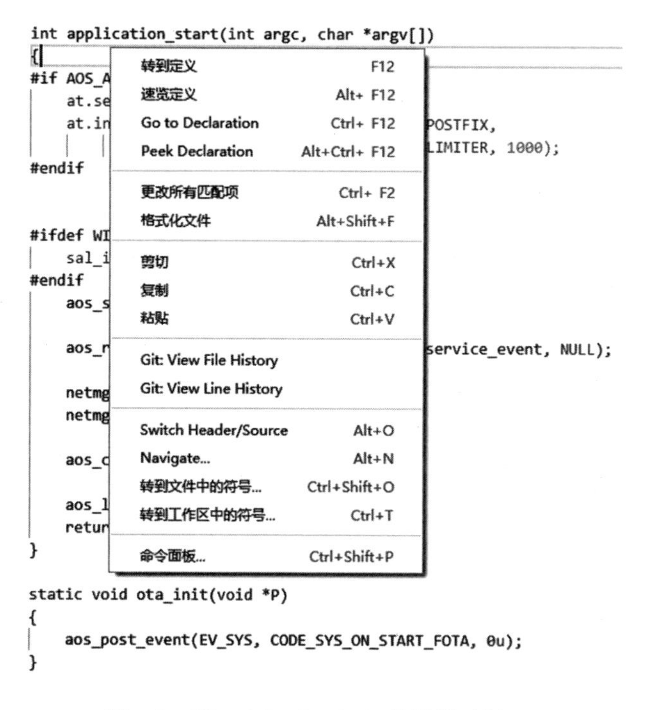

图 4-7　Visual Studio Code 编辑器示例(1)

将鼠标移到函数/宏/变量上可显示定义，也可以在右键快捷菜单通过“peek declaration”直接查看定义附近代码，或者利用“go to declaration”跳转到定义，如图 4-8 所示。

```
#ifdef WITH_SAL
    sal_init();
#endif
    aos_set_log_level(AOS_LL_DEBUG);
include\aos
/**
 * Set the log level.
 *
 * @param[in]  log_level  level to be set,must be one of AOS_LL_NONE,AOS_LL_FATAL
 */
void aos_set_log_level(aos_log_level_t log_level);

/*
 * Log at fatal level.
 *
 * @param[in]  mod  string description of module.
 * @param[in]  fmt  same as printf() usage.
 */
#define LOGF(mod, ...) LOGF_IMPL(mod, __VA_ARGS__)

/*
```

图 4-8　Visual Studio Code 编辑器示例(2)

函数、宏参数提示，支持重载，如图 4-9 所示。

C/C++插件提供了基本的语法检查功能，会在“问题面板”中显示代码中的语

```
/*
 * Log at the level set by aos_set_log_level().
 *
 * @param[in]  fmt  same as printf() usage.
 */
#define LOG(...) LOG_IMPL(__VA_ARGS__)
```

图 4-9　Visual Studio Code 编辑器示例(3)

法错误,如图 4-10 所示。注意:语法检查功能需要在当前文件的所有 include 都找到后才会工作。未能找到的 include 文件会以绿色下划波浪线提示,需要在配置文件中添加 include 路径,确保所有 include 文件都没有绿色下划波浪线后,语法检查功能才会正常运行。

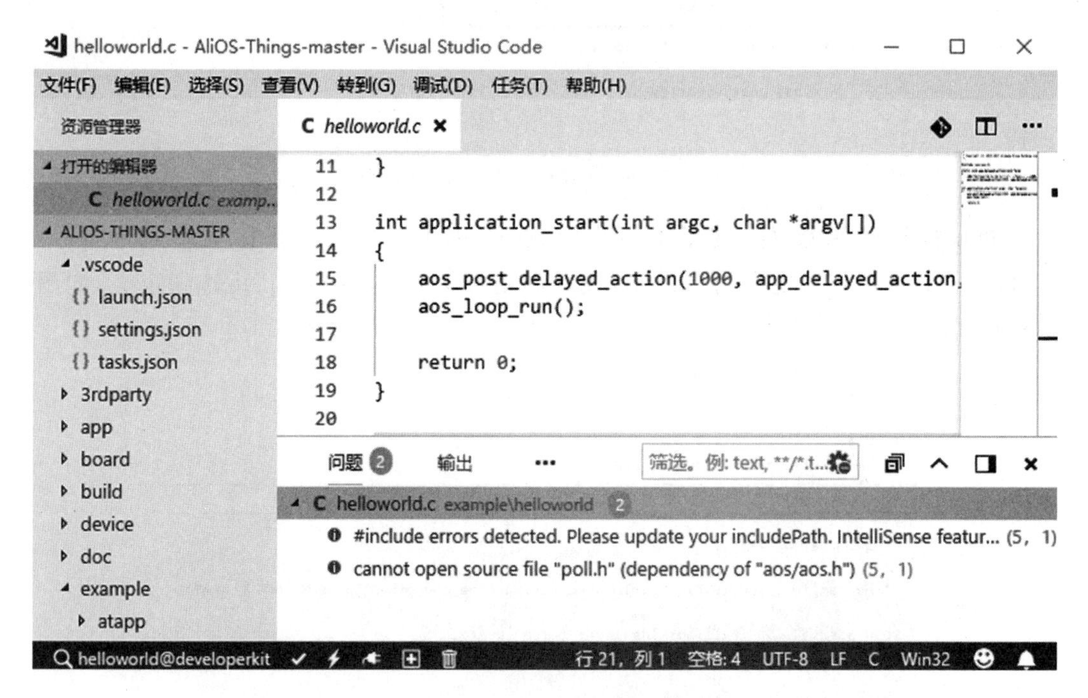

图 4-10　Visual Studio Code 编辑器示例(4)

2. 命令面板与符号搜索

按组合快捷键 Ctrl+Shift+P 可以打开命令面板,搜索并执行 Visual Studio Code 及插件支持的命令,如图 4-11 所示。

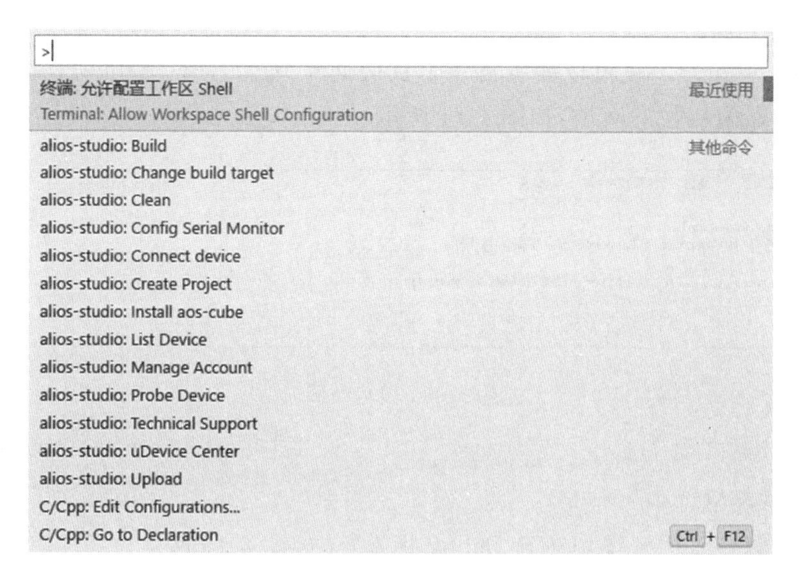

图 4-11　Visual Studio Code 命令面板(1)

打开命令面板后，删掉输入框最前面的“>”，可以搜索当前工作区的文件名或路径，如图4-12所示。

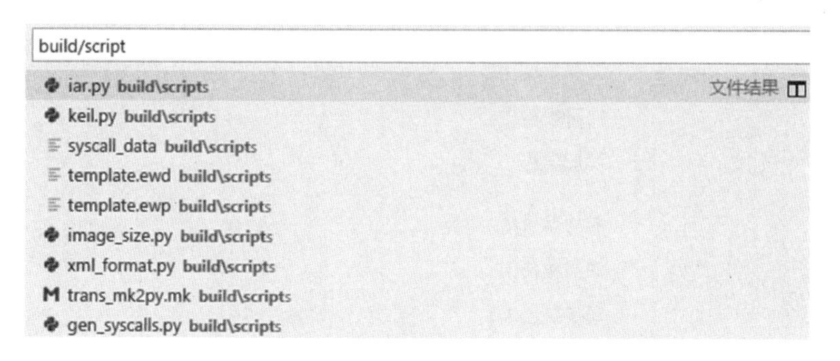

图 4-12　Visual Studio Code 命令面板(2)

在命令面板中以@开头，可以显示并搜索当前文件中的符号，如图 4-13 所示。

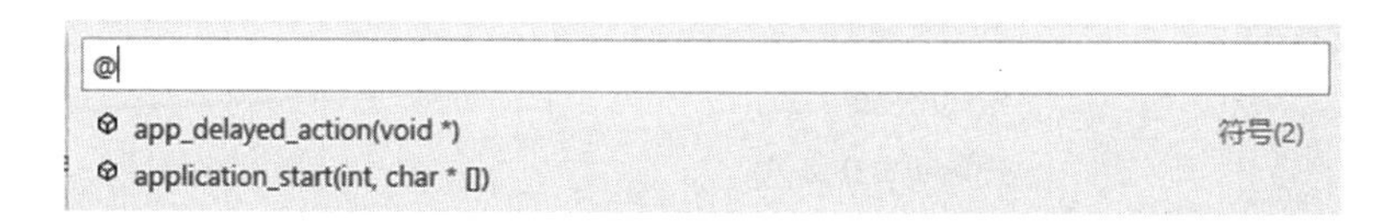

图 4-13　Visual Studio Code 命令面板(3)

3. git 支持

使用 Visual Studio Code 可以方便地进行 git 的大部分操作，如分支切换、提交 commit、解决冲突等。

4. 内置终端

Visual Studio Code 可以在编辑器中直接打开 bash/power shell/cmd，免去了在终端和编辑器间切换的麻烦，如图 4-14 所示。

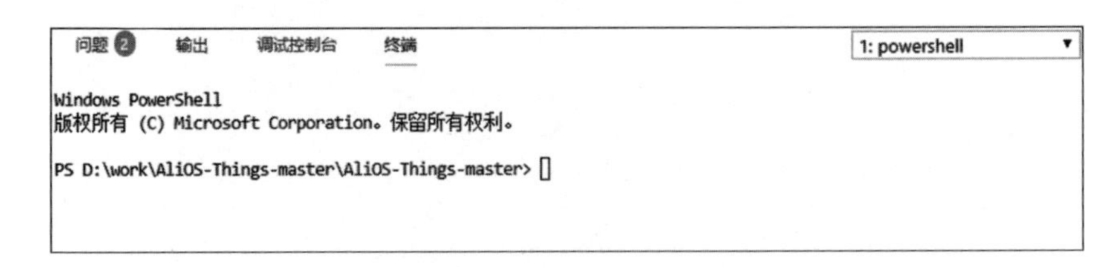

图 4-14　内置终端

5. 调试

(1)调试配置。

单击左侧导航栏按钮切换到 Debug 标签页，如图 4-15 所示。

调试(D)　任务(T)　帮助(H)
启动调试(S)　F5
非调试启动(W)　Ctrl+ F5
停止调试(S)　Shift+ F5
重启调试(R)　Ctrl+Shift+ F5
打开配置(C)
添加配置...
单步跳过(O)　F10
单步执行(I)　F11
单步跳出(U)　Shift+F11
继续(C)　F5
切换断点(B)　F9
新建断点(N)
启用所有断点
禁用所有断点(L)
删除所有断点(R)
安装其他调试器(I)...

图 4-15　Debug 标签页(1)

选择调试配置项 Debug@windows，根据已编译并烧录的 app@board 信息，更新 AliOS-Things/.vscode/launch.json 调试配置文件，比如：已编译并烧录 starterkitgui@starterkit 以后，更改相关配置 。

将 program 路径修改为与已烧录固件对应的镜像文件，如图 4-16 所示。

"program"："D:\\work\\AliOS-Things\\out\\ starterkitgui@starterkit \\binary\\ starterkitgui@starterkit.elf"

```
C helloworld.c    {} launch.json ×
1   {
2       "version": "0.2.0",
3       "configurations": [
4           {
5               "name": "Debug @ Mac/Linux",
6               "type": "cppdbg",
7               "request": "launch",
8               "program": "${workspaceRoot}/out/helloworld@starterkit/binary/helloworld@starterkit.elf",
9               "args": [],
10              "stopAtEntry": true,
11              "cwd": "${workspaceRoot}",
12              "environment": [],
13              "externalConsole": true,
14              "miDebuggerServerAddress": "localhost:4242",
15              "serverLaunchTimeout": 2000,
16              "targetArchitecture": "ARM",
17              "setupCommands": [
18                  {                                                              添加配置...
19                      "text": "cd ${workspaceRoot}"
问题 2    输出    调试控制台    终端
```

图 4-16　Debug 标签页(2)

(2)开始调试。

单击左上方绿色三角形按钮(或者按 F5 键)启动调试。如图 4-17 所示为开始调试后的页面。

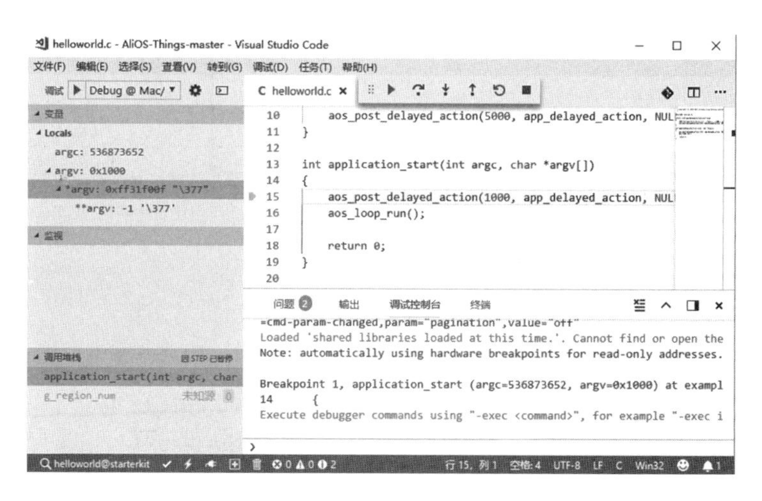

图 4-17　开始调试后的页面

根据 launch.json 中的配置：

"text"："break application_start"

启动调试以后会自动转到已设置的断点 application_start 函数处，同时上方会出现调试工具栏，提供常用的单步调试功能，如图 4-18 所示。

```
C helloworld.c ×   {} launch.json
1   /*
2    * Copyright (C) 2015-2017 Alibaba Group Holding Limited
3    */
4
5   #include <aos/aos.h>
6
7   static void app_delayed_action(void *arg)
8   {
9       LOG("helloworld %s:%d %s\r\n", __func__, __LINE__, aos_task_name());
10      aos_post_delayed_action(5000, app_delayed_action, NULL);
11  }
12
13  int application_start(int argc, char *argv[])
14  {
15      aos_post_delayed_action(1000, app_delayed_action, NULL);
16      aos_loop_run();
17
18      return 0;
19  }
```

图 4-18　调试页面

同样，也可以右击后在右键快捷菜单中选择“运行到光标处”来进行调试，如图 4-19 所示。

```
int application_start(int argc, char *argv[])
{
    aos_post_delayed_action(1000, app_delayed_action, NULL);
    aos_loop_run
    
    return 0;
}
```

转到定义	F12
速览定义	Alt+ F12
Go to Declaration	Ctrl+ F12
Peek Declaration	Alt+Ctrl+ F12
更改所有匹配项	Ctrl+ F2
格式化文件	Alt+Shift+F
格式化选定代码 [Ctrl+K Ctrl+F]	
剪切	Ctrl+X
复制	Ctrl+C
粘贴	Ctrl+V
调试: 求值	
添加列断点	Shift+ F9
调试: 添加到监视	
运行到光标处	

图 4-19　运行到光标处调试页面

在左侧视图区，可以对变量值进行观察，如图 4-20 所示。

图 4-20　在左侧视图区对变量值进行观察

至此，基本调试流程结束，可以点击上方工具条红色停止键，结束调试。

4.3　资源获取方式

本章中的相关资源，可以从如下链接获得。

(1)代码 GitHub：https://github.com/alibaba/AliOS-Things

(2)文档 wiki：https://github.com/alibaba/AliOS-Things/wiki

(3)AliOS Things 公众号——云栖社区：https://yq.aliyun.com/teams/184

(4)开发者论坛：https://bbs.aliyun.com/thread/410.html? spm=5176.bbsl394.0.0.LygX9J

第 5 章　AliOS Things 开发板 Developer Kits 简介

5.1　概　述

5.1.1　工具包

AliOS Things 开发板 Developer Kits 是基于 STM32L496VGx(简称 MCU)设计的高性能物联网开发板,用于提供给开发者评估、设计相关物联网的应用产品。本章将简要介绍开发板的硬件开发工具包、MCU 开发主板的特性、各个主要接口外设信息以及协助使用者做物联网的开发设计事项。

开发板功能区分布如图 5-1 所示。

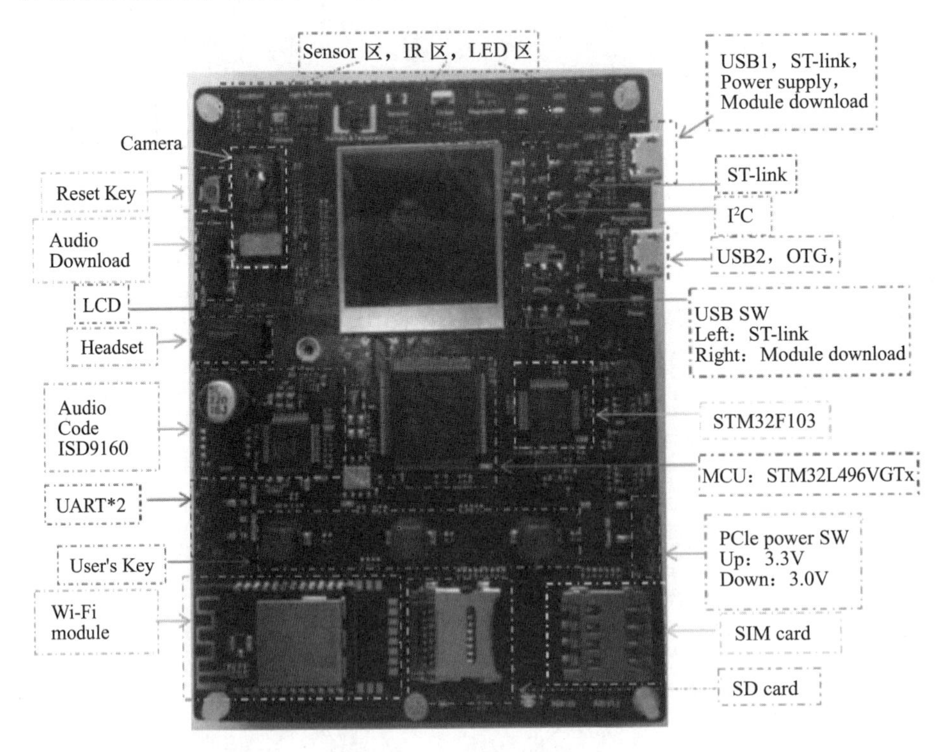

图 5-1　开发板功能区分布

5.1.2　系统要求

- Windows® OS(7,8 and 10),Linux® 64bit or Mac OS®
- USB Type-A to Micro USB cable
- Stereo headset line

5.1.3　开发工具

- Kei®:MDK-ARM
- IAR™:EWARM
- GCC-base IDEs includeing free SW4STM32 from AC6

5.2　STM32L496VGTx 开发主板

5.2.1　开发板特性

开发板 Developer Kits 是基于 STM32L496VGTx 芯片研发的一款物联网开发板。STM32L496VGTx 芯片具有高性能、低功耗的特点，内核为 ARM 32 位 Cortex-M4 CPU，最高 80MHz 的主频率，1MB 的闪存，320KB 的 SRAM，最多支持 136 个高速 I/O 口，还支持 SPI、CAN、I^2C、I^2S、USB、UART 等常用的通信接口。

1. 特性

(1)CPU：STM32L496VGTx，80MHz。

(2)存储：1MB Flash，320KB SRAM。

(3)Wi-Fi：2.4GB，802.11b/g/n 协议，支持 OTA 升级，支持一键配网。

(4)音频：戴麦克风，戴耳机，支持语音识别功能。

(5)配有众多传感器：3D 加速度传感器，陀螺仪感应器，磁力计传感器，压力传感器，温湿度传感器，光线传感器，距离传感器。

(6)摄像头：支持 8bit 并行接口的摄像头，像素为 0.3M，分辨率为 640×480。

(7)主板供电：通过 USB 5V 供电或者外部 5V 供电，也可以单独 3V 供电。

(8)显示屏：1.3′TFT，分辨率 240×240。

(9)支持红外发送和红外接收。

(10)LED 灯：三色 RGB LED，侦测 Wi-Fi 连接状态，上电指示 LED，绿色；下载指示 LED，橙色；三个用户定义 LED，橙色。

(11)系统支持 AliOS Things。

(12)USB 支持 OTG 功能。

(13)On-board ST-Link/V2。

(14)PCIe：支持外接 USB 接口的 LTE 模块，也支持 UART 接口的 ZigBee、LoRa、NB 模块。

(15)按键：一个复位按键，三个功能按键。

(16)SD 卡：系统支持最大 32GB 的 SD 卡存储扩展。

2. 电源特性

(1)Micro USB 接口，5V 供电。

(2)内部有 5V 转 3V 的 DC/DC 芯片和 1.8V LDO 芯片。

(3)STM32L496VGTx 供电电压为 3V，系统 I/O 电压也为 3V。

3. XTAL

(1)8MHz。

(2)32.768kHz。

4. 调试接口

USB 转 ST-Link。

开发板给使用者预留了很多通用接口：

(1)ZigBee/LoRa 无线网络接口。

(2)I^2C 接口。

(3)ADC 差分/单端接口。

(4)Arduino 接口。

(5)SPI 接口。

5.2.2 开发板硬件信息

开发板实物正面如图 5-2 所示。

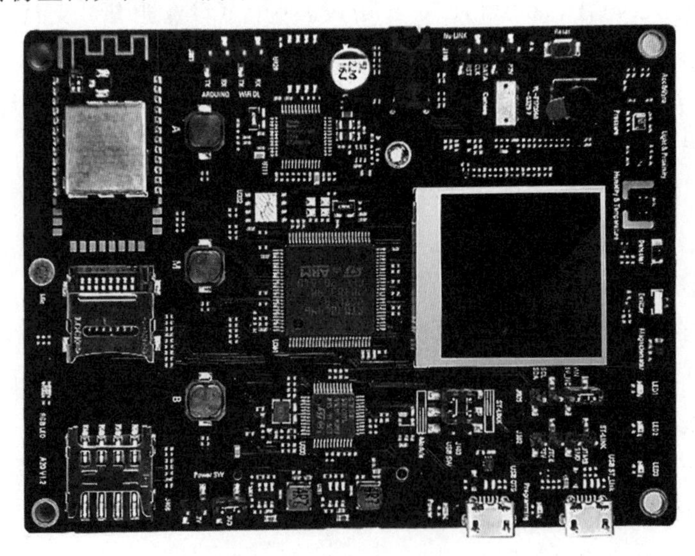

图 5-2 开发板正面

开发板背面如图 5-3 所示。

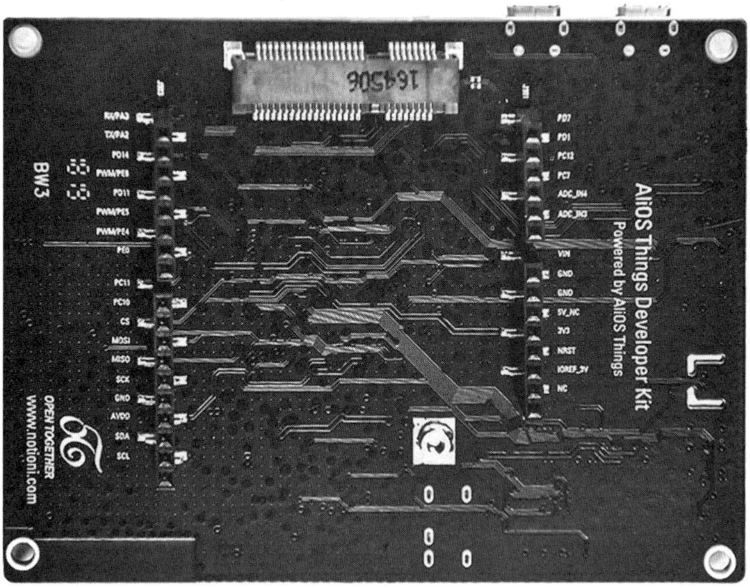

图 5-3 开发板背面

5.2.3 开发板的系统硬件框架

开发板的系统硬件框图如图 5-4 所示。其整体电路连接关系如下：系统由 USB 5V 供电，经过 DC/DC 降压至 3V 给系统大部分器件供电，为系统主要电源。MCU 由 STM32F103 提供 8MHz 工作晶振，外部按键连接至 MCU 的 I/O 口，Audio Codec(芯唐电子 ISD9160 的方案)连接至 MCU 的 I^2S 接口，控制信号走 I^2C4(I^2Cx 表示第 x 个 I^2C 接口)。ACC/Gyro-sensor 和电子罗盘连接至 MCU 的 I^2C4 接口上，PL-sensor、压力传感器、温湿度传感器接在 MCU 的 I^2C2 接口上。MCU 支持外接 8bit Camera，同时 I^2C3 也用来做 Camera 控制。开发板自带 1.44 英寸 LCD，使用 SPI 4 线接口。Wi-Fi 模块采用的是 BK7231 芯片方案，与 MCU 通过 UART 接口通信，天线使用的是板载 Wi-Fi 天线。开发板支持 USB OTG 接口，同时也支持 PCIe 接口的 LTE 模块(使用的是 USB 物理接口形式)，但 MCU 只有一个 USB PHY，所以 USB OTG 和 LTE 模块在开发板上是通过软件配置做二选一。LTE 模块供电是 3.8V，所以中间需要一个 5V 转 3.8V 的 DC/DC 转换电路。STMF103 的晶振是 8MHz 和 32.768kHz，然后输出 MCO 8MHz 给 STM32L496。此外，Audio Codec 也需要挂一个 32.768kHz 晶振。

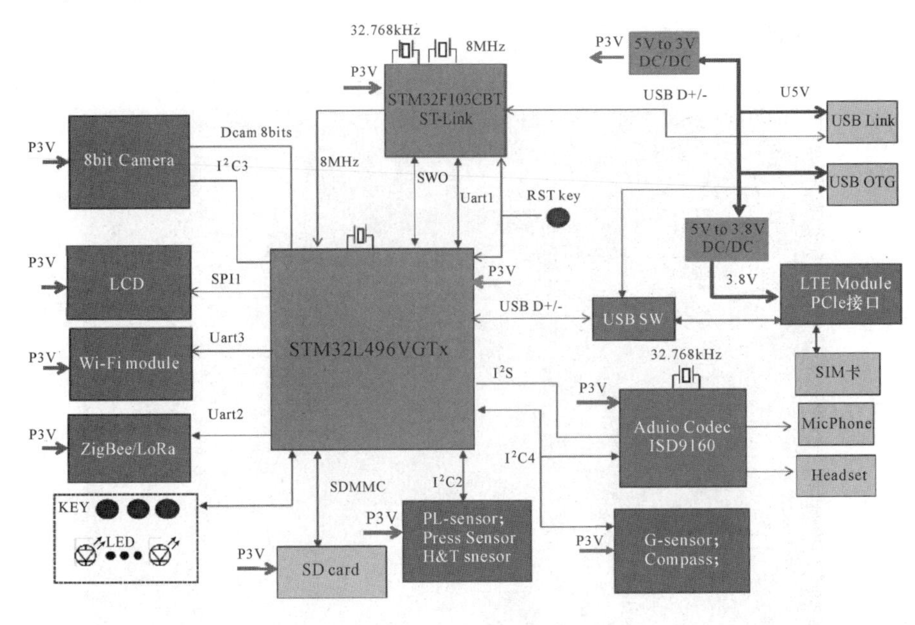

图 5-4　开发板的系统硬件框图

5.2.4　MCU 主板外设接口介绍

MCU 主板使用到的主要外设接口有：8bit 并行 DCMI（Digital Camera Interface）接口、4 线 SPI 接口、SDMMC 接口、I²C 接口的传感器、UART 接口、USB 接口、I²S Audio 接口，还有若干 GPIO 接口。如图 5-5 所示为 STM32L496VGTx 芯片的系统框图。下面将具体展开阐述。

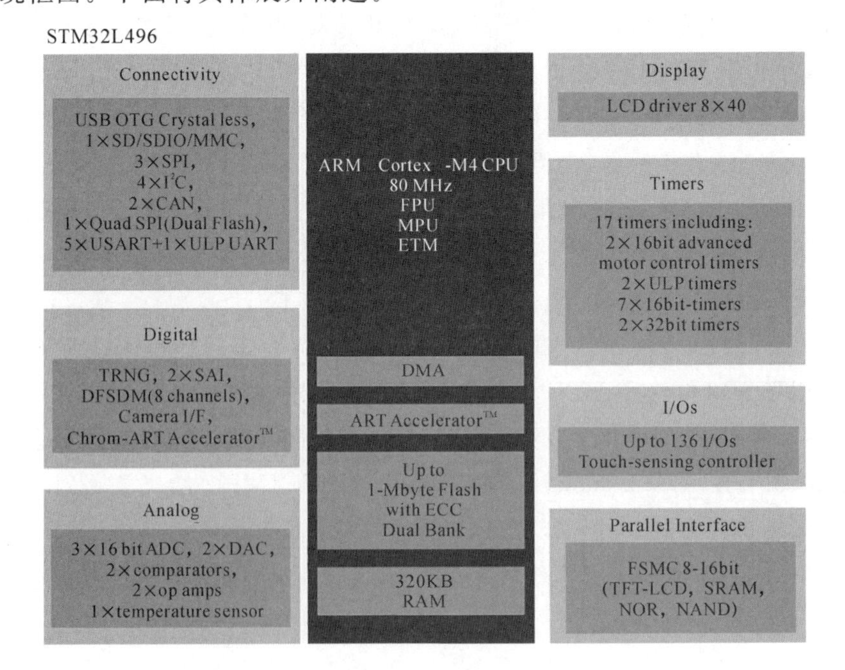

图 5-5　STM32L496VGTx 芯片系统框图

1. DCMI 接口

STM32L496VGTx 自身带一个 DCMI 接口，支持接入 8～14bit 的并行数据口，其最大速率可以支持 54MB/s。开发板套件采用的 Camera 是由深圳影领电子有限公司提供的 YL-F170066-0329，采用的是 8bit 数据接口，通过 24 脚 BTB 连接器外接一个 Camera 模组。Camera 配置通过 I^2C3 接入 MCU，地址为 0x78 和 0x79。BTB 连接器的接口定义如表 5-1 所示。

表 5-1　Camera 接口定义

Pin No.	Pin Name	DESCRIPTION
1	D5	Parallel data5
2	AGND	Connect to GND
3	D1	Parallel data1
4	AVDD3V	Power supply(3V)
5	PCLK	Pixle clock
6	D2	Parallel data2
7	D7	Parallel data7
8	D3	Parallel data3
9	D0	Parallel data0
10	VCC18_NC	数字电源 1.8V，模组内部提供，可以悬空
11	I/OVCC3V	I/O Power supply(3V)
12	MCLK	Main clock for sensor module
13	STBY	模组待机/低功耗模式
14	D6	Parallel data6
15	DGND	GND
16	D4	Parallel data4
17	NC	Not connect
18	HSYNC	场同步时钟
19	SDA	I^2C 接口，地址：0x78 和 0x79
20	SCL	
21	RST	模组复位信号
22	VSYNC	帧同步信号
23	VCC/NC	悬空
24	GND	GND

2. USB 接口

开发板有两个 USB 接口，一个为 USB ST-Link 接口，用于作为软件下载、调试、系统供电的输入口;另一个为 USB OTG 接口,用户可以外接 USB 设备,支持 1000mA USB 2.0 设备接入。

USB ST-Link 接口除了给系统提供电源之外,还是开发板的下载调试口,与 STMF103 的 USB 相连接。插入 PC 之后会映射出一个 COM 口,可以用来下载 MCU 的软件,也可以用来打印调试信息。板上 USB 接口截图如图 5-6 所示。

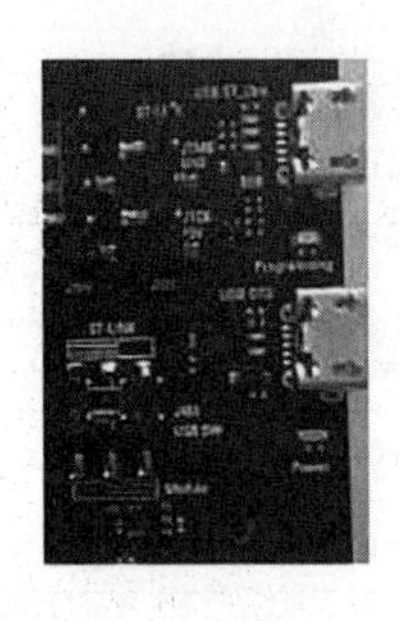

图 5-6 USB 接口截图

STM32F103 与 MCU 之间通过 SWD 接口相连接,其原理图如图 5-7 所示。USB 数据线连接至 PC,用来进行 MCU 开发板和 PC 端之间的交互,打印开发板的调试信息、下载 MCU 程序。

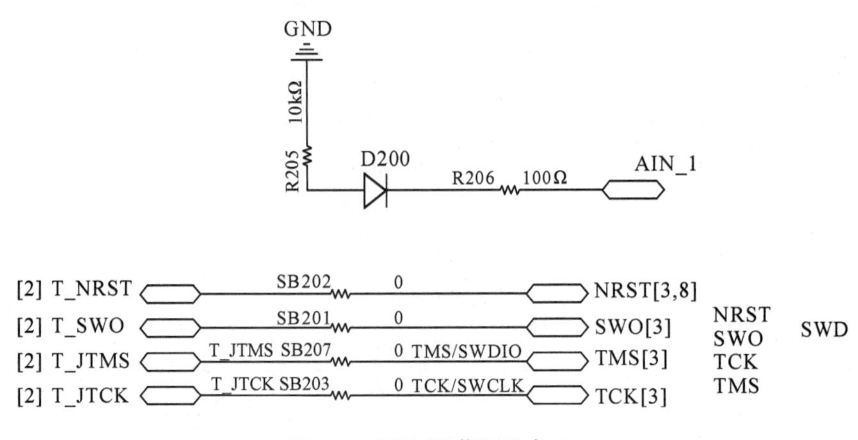

图 5-7 SWD 下载调试串口

3. PCIe 模块

开发板中还带有一个 PCIe 卡槽,用来插入不同的模块(LTE 模块,ZigBee/LoRa/NB-IoT 模块),其安装方式可以参考图 5-8。接入的 LTE 模块由上海诺行信息技术有限公司提供,采用 Marvell 的 MP1802 作为 CPU,具有传输速率高、功耗低、尺寸小等特点。模块支持多个频段,能兼容移动、联通、电信多种 SIM 卡实现 LTE 上网。LTE 模块与 USB OTG 同时挂在 MCU 的 USB 外设下,使用时只能二选一,不可以同时工作。LTE 模块与 MCU 之间通过 USB 接口通信,MCU 提供给模块一个 RESET 控制信号。模块供电可以通过 J408 来选择 3V 和 3.3V,具体管脚定义请参考图 5-9，也可以参考 PCIe 的管脚定义说明。图 5-9 中，J403 是预留给 LTE-module 下载软件使用的，当跳线帽选择 ST-link（默认配置）时，USB 连接器是直接与 MCU 相连的；当跳线帽选择 Module 时，USB 连接器是与模块的 USB 相连的，这样就可以做模块软件的升级；模块还附带有 SIM 卡接口，其接口原理同样可以参考图 5-9。

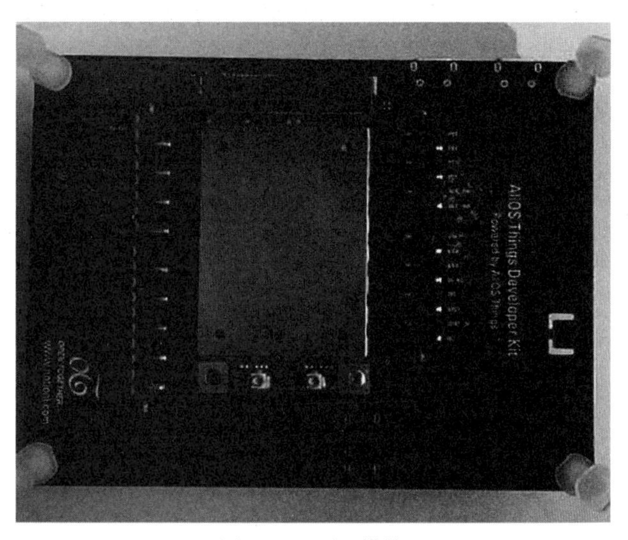

图 5-8 LTE 模块

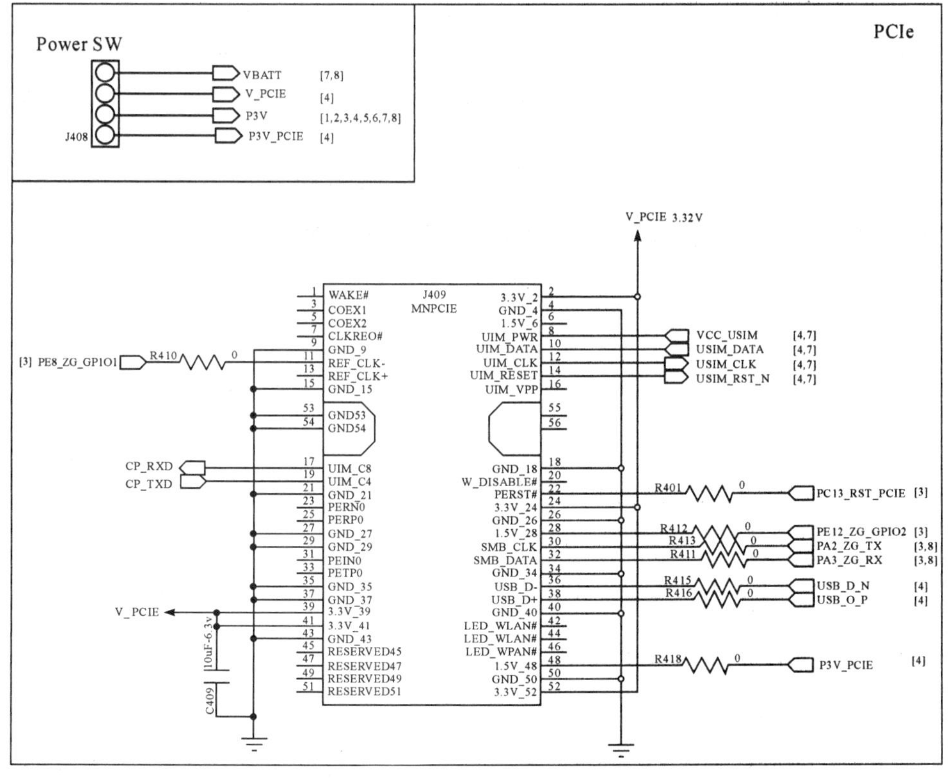

图 5-9 PCIe 接口原理

PCIe 接口还支持接入 ZigBee/LoRa/NB-IoT 模块，具体请参考相关管脚定义。

4. 按键

开发板带有三个功能按键和一个系统 Reset 按键。功能按键可以提供给使用者做功能定义开发，都是接入 GPIO 口的，被定义为低电平有效的输入接口。

复位按键是直接接入 STM32F103 和 MCU 的硬件复位管脚，按下复位按键，系统自动重启复位。如图 5-10 所示为复位按键原理图。

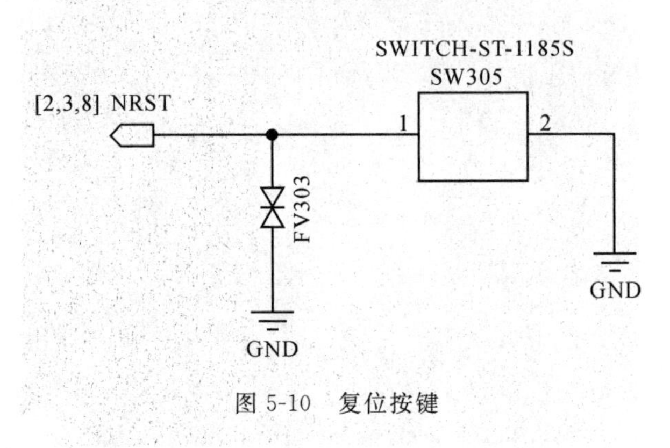

图 5-10　复位按键

5. LED 指示灯

开发板总计有 6 个 LED 灯，其中的 1 个电源指示 LED 灯(绿色)上电就被点亮，1 个下载调试 LED 灯(橙色)上电也常亮，下载的时候会闪烁。此外，开发板提供了 3 个给用户定义的 LED 灯，这 3 个 LED 灯连接到 MCU 的 GPIO，拉低 I/O 口电平即可点亮相应的 LED 灯。开发板还有 1 个三色 LED 灯，是由 Wi-Fi 模块控制的。

电源 LED 灯在 USB 供电正常之后会常亮，如果插入 USB 之后电源 LED 没有被点亮，说明 USB 供电异常。电源和调试 LED 灯原理如图 5-11 所示。

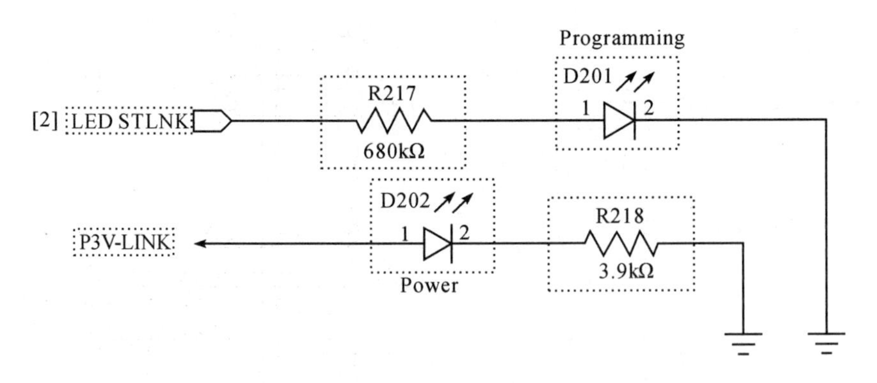

图 5-11　电源和调试 LED 灯原理

6. 4 线 SPI 接口

LCD 显示屏使用的是 4 线 SPI 接口。开发板套件中包含有一个 FPC 材质的

LCD 屏幕，选用的为深圳市禹龙现代电子有限公司的 H144TS121F，其管脚定义如表 5-2 所示。

表 5-2 OLED 显示屏接口描述

NO.	SYMBOL	Description
1	GND	GND
2	LEDK	LED backlight input(Cathode)
3	LEDA	LED anode，背光电压为 3V
4	GND	GND
5	RESET	Reset LCD
6	NC	NC
7	SDA	SPI Data input/output
8	SCL	SPI Clock
9	VCC	3V Digital power
10	I/O VCC	3V Logic power
11	CS	Chip select
12	GND	GND
13—16	NC	NC
17—18	GND	GND

7. 传感器

为了方便用户开发，MCU 开发板提供了 8 个传感器，其中光感和接近传感器、气压传感器、温湿度传感器是接在 MCU 的 I^2C2 上，G-sensor 和 Compass sensor 等是接在 MCU 的 I^2C4 上，摄像头是接在 MCU 的 I^2C3 上。开发板上的 MCU 总共使用了 3 组 I^2C，具体接口和 I^2C 地址分配请参考表 5-3。

表 5-3 I^2C 传感器分配以及地址分配

I^2C	Sensor	IC	Address(8bit)
I^2C2	温湿度传感器	SHTC1	0xE0/0xE1
	光感和接近传感器	LTR-553ALS-WA	0x46/0x47
	气压传感器	BMP280	0xEE/0xEF
I^2C4	语音模块	ISD9160	TBD
	加速度计/陀螺仪	LSM6DSL	0xD4/0xD5
	罗盘	MMC3680KJ	0x60/0x61
I^2C3	摄像头	GC0329	0x78/0x79

8. I^2S Audio 接口

语音模块是采用芯唐电子的 ISD9160 方案。ISD9160 是一款非常优秀的支持 Audio 录制以及播放、内嵌 ARM Cotex-M0 的低功耗微控芯片。其最高处理速度可以每秒达到 50MHz，有 145KB 的 Flash 和 12KB 的 SRAM，具备支持多种常用的外设接口。ISD9160 的内部结构框图和外围接口电路分别如图 5-12 和图 5-13 所示。芯唐电子的语音方案除了具备正常语音功能外，还支持基于云端存储方式的语音识别功能。

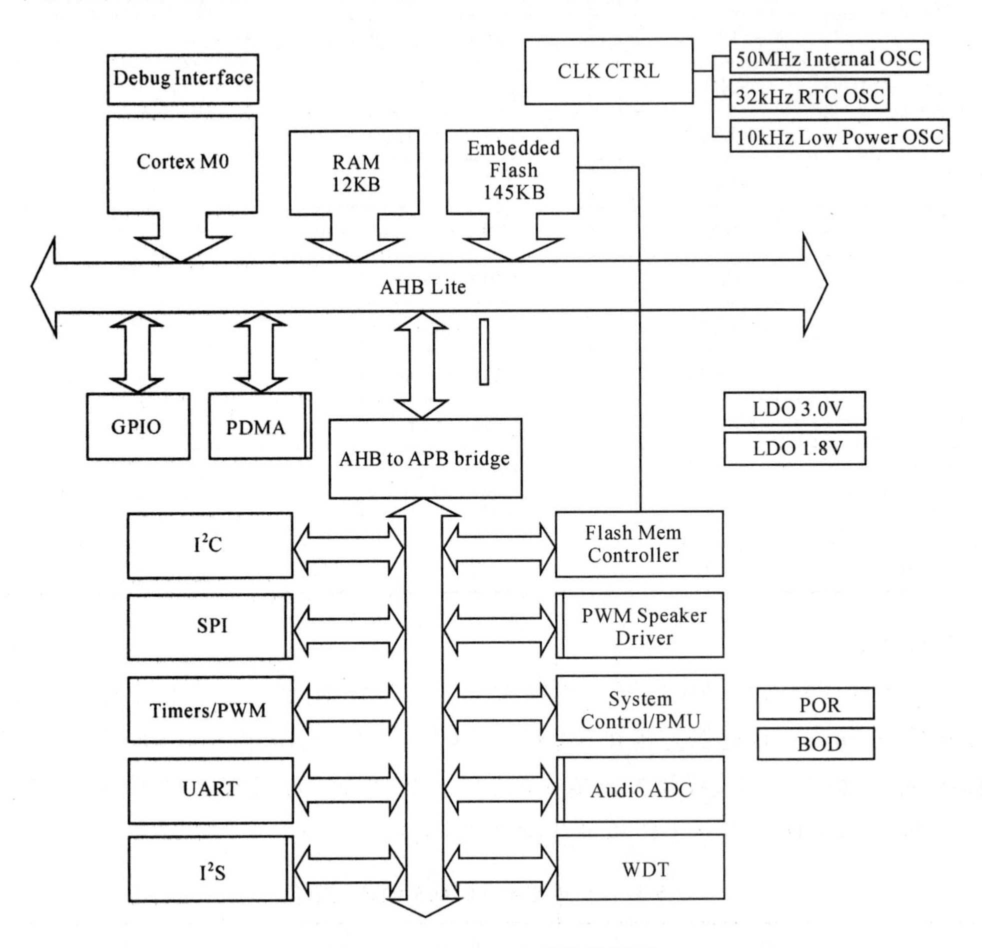

图 5-12　ISD9160 内部结构框图

处理器 STM32L496VGTx 本身具有两个 SAI(Serial Audio Interface) 接口，在本开发板中使用了 SAI2，并且配置成使用 I^2S 协议与 ISD9160 进行通信。语音模块带的是一个驻极体麦克风做语音录制，带 3.5mm 标准耳机插座，支持 CTIA 标准耳机(不支持耳机麦克功能)。语音模块与主板通信除了 I^2S 外，还需要使用 I^2C 作系统控制，I^2C 的地址为软件配置。语音模块部分的原理框图如图 5-13 所示。

9. Wi-Fi 模块

Wi-Fi 模块采用的是由上海诺行信息技术有限公司设计的 MW31 模块，这是一

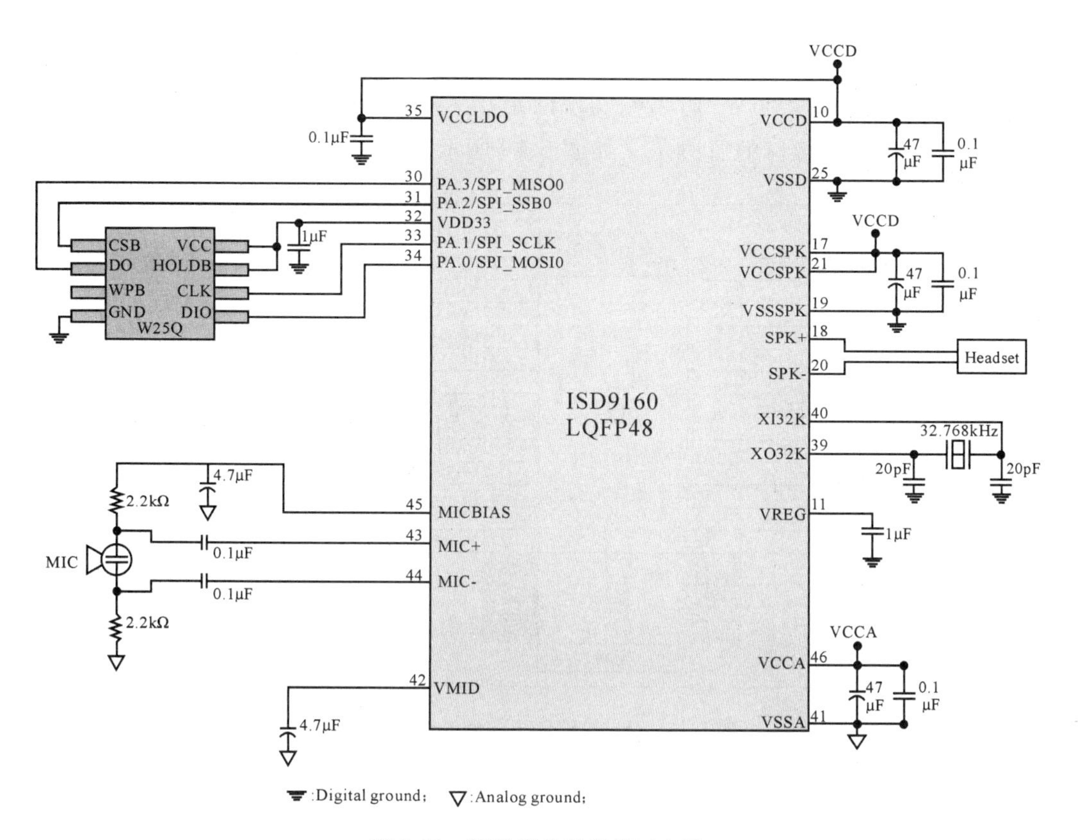

图 5-13　语音模块外围接口电路

款功能齐全、集成度高、功耗低的低成本嵌入式 Wi-Fi 模组。模组采用 BK7231 方案实现无线网络接入。该模块具有丰富的外围控制接口，支持 IEEE 802.11b/g/n 无线标准协议栈。模组具有非常低的软关机电流和睡眠电流，同时支持内部定时唤醒以及外部中断唤醒，所以对需要低功耗等要求的各类无线应用的场合都是很好的选择。该模块实物外形如图 5-14 所示，与主板的物理连接采用邮票孔方式焊接。

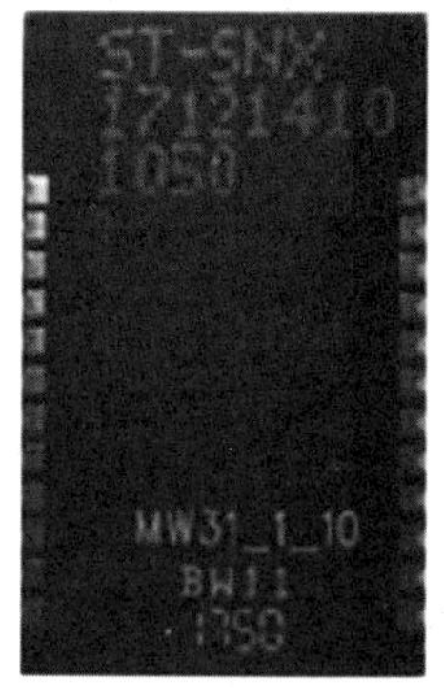

图 5-14　Wi-Fi 模块实物外形

Wi-Fi 模块与 MCU 之间采用的是 UART 接口通信。MCU 通过下发 AT 指令，可以控制模块连接到 Wi-Fi AP，实现网络接入，将传感器及其他数据上传到阿里云端。Wi-Fi 模块接口的管脚定义如图 5-15 所示。

BK7231		ANT		BK7231	对应尺寸(mm)
					5.3
GND	1	模块	32	GND	20.7
VDD	2		31	CEN	
GPIO30/USBDN	3		30	GPIO4_ADC	
GPIO29/USBDP	4		29	I²C_SDA	
PVM0	5		28	I²C_SCL	
PVM1/GPIO2	6		27	UART2_TXD	
PVM2	7		26	UART2_RXD	
SDO_MISO	8		25	UART1_TXD	
SDO_MOSI	9		24	UART1_RXD	
SDCLS_SCK	10		23	PVM3/GPIO1	
SDCMD_SCN	11		22	PVM4	
GND	12		21	PVM5/VAKE_UP_IN	
	13	模块	20		6
	14		19		
	15		18		
	16		17		
		8pin			MV31: 26*16

图 5-15　Wi-Fi 模块接口的管脚定义

10. SDMMC 接口

MCU 的 SDMMC 接口兼容 MMC V4.2 接口规格，能支持 1bit、4bit、8bit 三种不同的数据总线。在 8bit 模式下，最高数据传输速率支持 48MHz。开发板支持外挂 4bit 模式的 SD 卡。如图 5-16 所示给出了 SD 卡接口原理图。

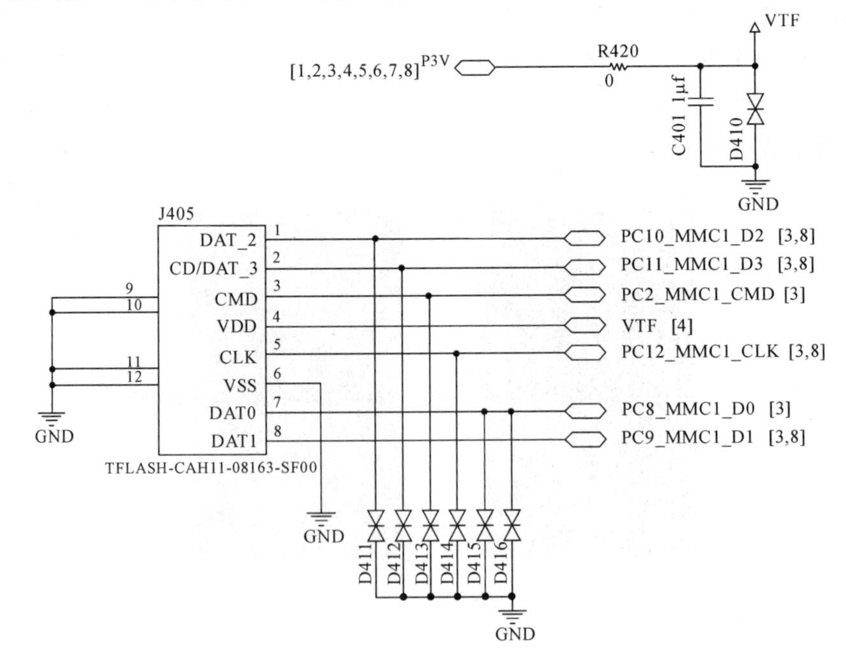

图 5-16　SD 卡接口原理

11. 扩展接口

目前，开发板给用户预留了很多扩展接口，在板子的底层（Bottom 层），预留有UART、I^2C、SPI、ADC、PWM 以及一些 GPIO，供用户自定义进行开发使用，相关信号定义如图5-17所示。

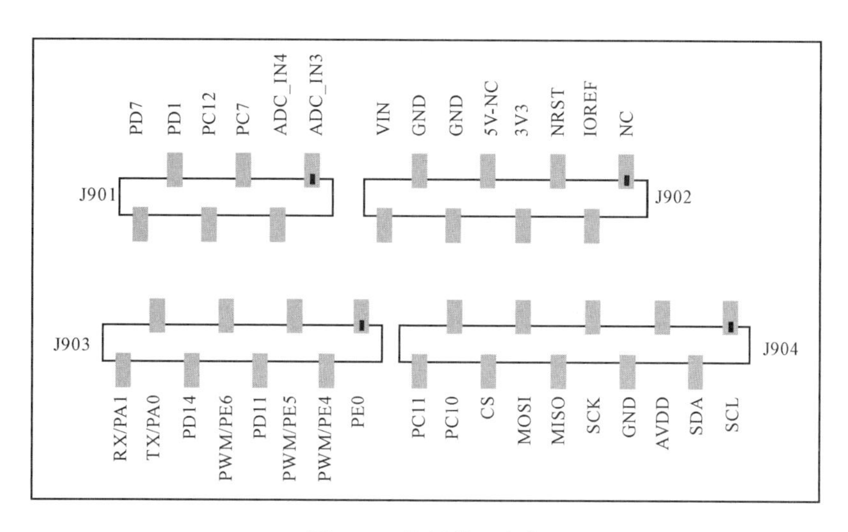

图 5-17 扩展接口定义

5.3 主板电源部分

开发板上除了温湿度传感器的供电电压为 1.8V 和 LTE 模组供电为 3.8V 外，其他 IC 的供电电压均为 3V，所以需要将板子输入的 5V 电压转换成 3 组电压，即 3V、3.8V 和 1.8V，其电路原理图如图 5-18 所示。

5V 转换至 3V 和 3.8V，采用的都是 ETA8120 降压 DC/DC 芯片。ETA8120 是一个高效率的可调输出降压 DC/DC 芯片，支持轻载高效，最大输出电流为 2A，采用的是 SOT23-6 的通用封装。

3V 经过 LDO 转换至 1.8V，采用的是 SGM2019 LDO，最大输出电流为 0.3A。1.8V 只供温湿度传感器使用，需要的电流较小。

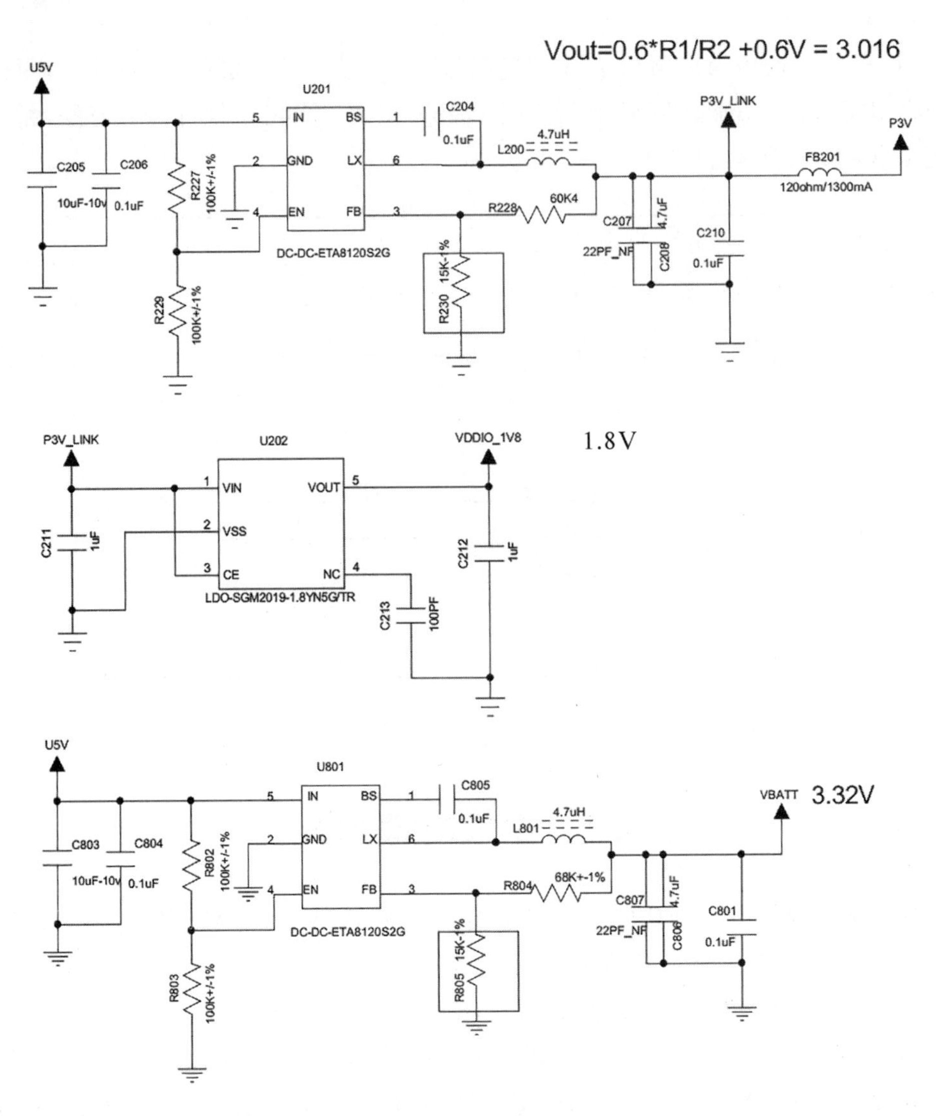

图 5-18　电路原理

5.4　程序下载

下载程序之前，需要先安装 STM32 ST-LINK Utility。安装完成之后，将开发板通过 Micro USB Cable 与 PC 连接，再按照提示安装 ST 驱动。驱动安装之后，如果在设备管理器中能找到 ST 端口，证明驱动安装成功，如图 5-19 所示。

然后，打开 STM32 ST-LINK Utility，先通过“File”→“Open File”加载需要下载的 Bin 文件，然后点击“Target”→Connect，正常时会提示 Connect 成功，如图 5-20 所示。提示成功之后，证明软件下载环境已经配置好，请通过“Target ”→“Program”，

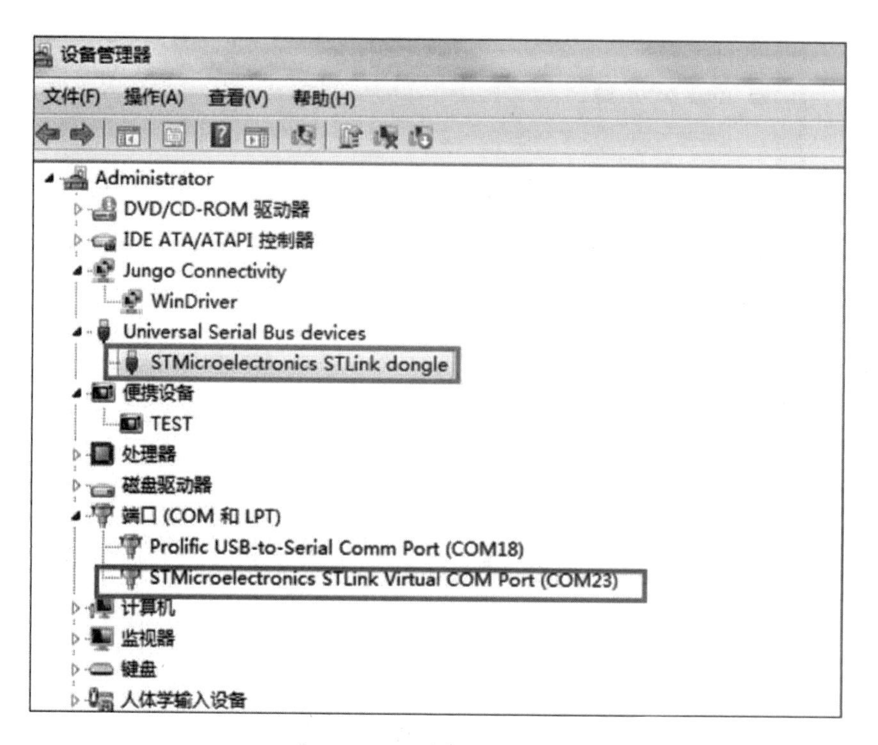

图 5-19　安装 ST 驱动成功

在弹出的对话框中点击“Start”直接下载，如图 5-21 所示。下载时调试 LED 灯应该是持续闪烁的，直到退出下载才不闪烁(关闭 STM32 ST-LINK Utility)。

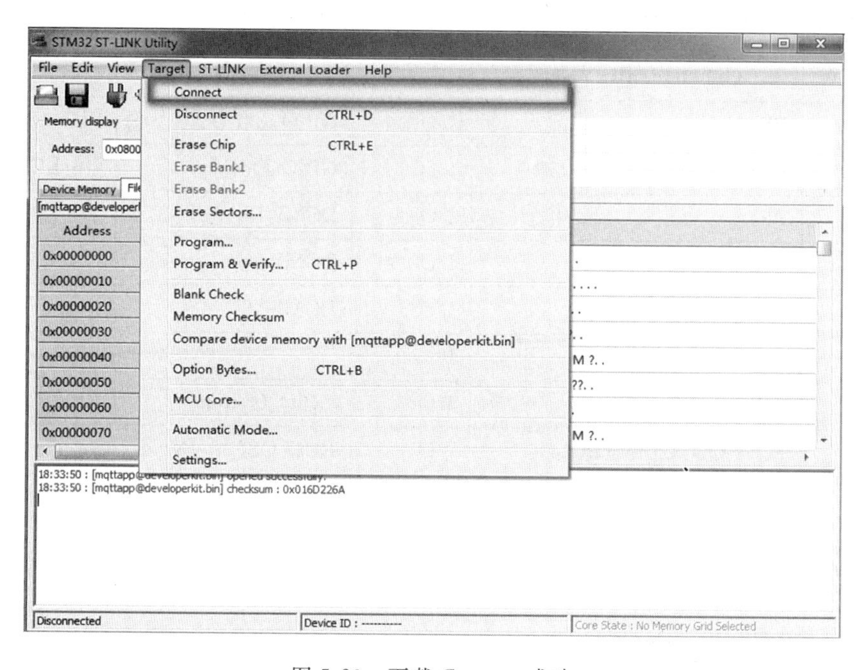

图 5-20　下载 Connect 成功

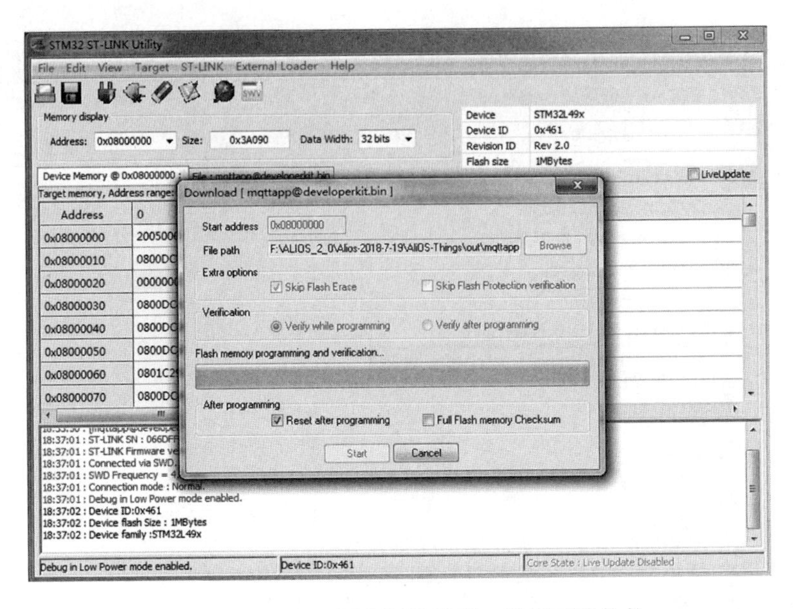

图 5-21 STM32 ST-LINK Utility 程序下载软件

5.5 管脚配置

MCU 管脚的分布、名称、类型、功能等如表 5-4 所示。

表 5-4 MCU 管脚的分布、名称、类型及功能

Pin Number LQFP100	Pin Name (function after reset)	Pin Type	Alternate Function(s)	Label
1	PE2*	I/O	GPIO_INPUT	SIM_DET
2	PE3*	I/O	GPIO_Output	GS_LED
3	PE4	I/O	DCMI_D4	
4	PE5	I/O	DCMI_D6	
5	PE6	I/O	DCMI_D7	
6	VBAT	Power		
7	PC13*	I/O	GPIO_Output	RST_PCIE
8	PC14-OSC32_IN (PC14)	I/O	RCC_OSC32_IN	
9	PC15-OSC32_OUT (PC15)	I/O	RCC_OSC32_OUT	
10	VSS	Power		
11	VDD	Power		
12	PH0-OSC_IN (PH0)	I/O	RCC_OSC_IN	

续表

Pin Number LQFP100	Pin Name (function after reset)	Pin Type	Alternate Function(s)	Label
13	PH1-OSC_OUT (PH1)	I/O	RCC_OSC_OUT	
14	NRST	Reset		
15	PC0	I/O	I^2C3_SCL	
16	PC1	I/O	I^2C3_SDA	
17	PC2	I/O	ADC3_IN3	
18	PC3	I/O	ADC3_IN4	
19	VSSA	Power		
20	VREF-	Power		
22	VDDA	Power		
23	PA0*	I/O	GPIO_Output	SECURE_I/O
24	PA1*	I/O	GPIO_Output	SECURE_RST
25	PA2	I/O	USART2_TX	
26	PA3	I/O	USART2_RX	
27	VSS	Power		
28	VDD	Power		
29	PA4	I/O	SPI1_NSS	
30	PA5	I/O	SPI1_SCK	
31	PA6*	I/O	GPIO_Output	LCD_DCX
32	PA7	I/O	SPI1_MOSI	
33	PC4	I/O	USART3_TX	
34	PC5	I/O	USART3_RX	
35	PB0*	I/O	GPIO_Output	WIFI_RESET
36	PB1*	I/O	GPIO_Output	WIFI_WAKEN
37	PB2*	I/O	GPIO_Output	LCD-RST
38	PE7*	I/O	GPIO_Output	LCD_PWR
39	PE8	I/O	GPIO_INPUT	ZigBee_INT
40	PE9	I/O	TIM1_CH1	IR_IN
41	PE10	I/O	GPIO_EXTI10	KEY_3
42	PE11	I/O	GPIO_EXTI11	KEY_1
44	PE13*	I/O	GPIO_Output	CAM_PD

续表

Pin Number LQFP100	Pin Name (function after reset)	Pin Type	Alternate Function(s)	Label
45	PE14	I/O	GPIO_EXTI14	KEY_2
46	PE15*	I/O	GPIO_Output	SECURE_CLK
47	PB10	I/O	LPUART1_RX	
48	PB11	I/O	LPUART1_TX	
49	VSS	Power		
50	VDD	Power		
51	PB12	I/O	SAI2_FS_A	
52	PB13	I/O	I^2C2_SCL	
53	PB14	I/O	I^2C2_SDA	
54	PB15	I/O	SAI2_SD_A	
55	PD8	I/O	DCMI_HSYNC	
56	PD9	I/O	DCMI_PIXCLK	
57	PD10	I/O	SAI2_SCK_A	
58	PD11*	I/O	GPIO_Output	HTS_LED
59	PD12*	I/O	I^2C4_SCL	
60	PD13*	I/O	I^2C4_SDA	
61	PD14*	I/O	GPIO_Output	PS_LED
62	PD15*	I/O	GPIO_Output	COMPASS_LED
63	PC6	I/O	SAI2_MCLK_A	
64	PC7	I/O	DCMI_D1	
65	PC8	I/O	SDMMC1_D0	
66	PC9	I/O	SDMMC1_D1	
67	PA8	I/O	RCC_MCO	CAM_MCLK
68	PA9	I/O	DCMI_D0	
69	PA10	I/O	USB_OTG_FS_ID	
70	PA11	I/O	USB_OTG_FS_DM	
71	PA12	I/O	USB_OTG_FS_DP	
72	PA13(JTMS/SWDIO)**	I/O	SYS_JTMS-SWDIO	
73	VDDUSB	Power		
74	VSS	Power		

续表

Pin Number LQFP100	Pin Name (function after reset)	Pin Type	Alternate Function(s)	Label
75	VDD	Power		
76	PA14 (JTCK/SWCLK)**	I/O	SYS_JTCK-SWCLK	
77	PA15 (JTDI)	I/O	GPIO_EXTI15	ALS_INT
78	PC10	I/O	SDMMC1_D2	
79	PC11	I/O	SDMMC1_D3	
80	PC12	I/O	SDMMC1_CK	
83	PD2	I/O	SDMMC1_CMD	
84	PD3	I/O	DCMI_D5	
85	PD4	I/O	GPIO_Output	audio_waken
86	PD5*	I/O	GPIO_Output	AUDIO_CTL
87	PD6*	I/O	GPIO_Input	AUDIO_RST
88	PD7*	I/O	GPIO_Output	ZigBee_RST
89	PB3 (JTDO/TRACESWO)**	I/O	SYS_JTDO-SWO	
91	PB5*	I/O	GPIO_Output	USB_PCIE_SW
92	PB6	I/O	GPIO_Output	ALS_LED
93	PB7	I/O	DCMI_VSYNC	
95	PB8*	I/O	GPIO_Output	CAM_RST
96	PB9	I/O	IR_OUT	
97	PE0	I/O	DCMI_D2	
98	PE1	I/O	DCMI_D3	
99	VSS	Power		
100	VDD	Power		

第 6 章　实践例程一:Hello world 与 Shell 交互

本章以及后面几章的主要目的是让读者熟悉 AliOS Things 开发环境及流程。同时,详细讲解为开发板已经准备好的移植代码,让读者熟悉移植代码及相关流程。按照移植代码及相关流程,读者可以快速地将 AliOS Things 移植到新的芯片或者模组上。在此基础上,读者可以使用 AliOS Things 为开发者准备好的丰富组件,快速搭建应用。本章的实验操作是在开发板 Developer Kits 上进行的,若选用其他开发板请参考 GitHub 官方源码。官方 GitHub 源码地址为:https://github.com/alibaba/AliOS-Things。

AliOS Things 实战应用开发主要包括以下步骤:

(1)芯片模组选型;

(2)Rhino 内核移植;

(3)驱动 HAL 层开发;

(4)业务应用开发。

其中,如果读者选择 Developer Kits 或者 AliOS Things 开源代码已经支持的芯片或模组,(2)和(3)为可选项。

本章主要阐述完成一个工程的基本流程,讨论 Rhino 的移植以及 UART HAL 的移植,学习运用 AliOS Things 的 cli 组件进行 Shell 交互实验,通过 Shell 命令实现人机交互功能,便于系统运行状态的查看与程序的调试。

6.1　实践内容与软、硬件准备

本次实验以 AliOS Things 开发板 Developer Kits 为例,在 Visual Studio Code 集成开发环境中建立第一个工程,完成代码编写和编译过程,并将 Visual Studio Code 编译产生的 bin 文件烧录至开发板中。本次实验中,我们将编写一个 AliOS Things 的串口打印任务,循环输出 Log 日志。特别地,我们将运用 AliOS Things 的 cli 组件进行 Shell 交互实验,通过 Shell 命令实现人机交互功能,便于系统运行状态的查看与程序的调试。

需要准备的软、硬件如下:

(1)硬件准备：

①开发板 Developer Kits 一块；

②带有 Windows 7 操作系统的 PC 机一台；

③Micro USB 连接线。

(2)软件环境：

①安装有 alios-studio 插件的 Visual Studio Code；

②AliOS SDK：1.3.0 版本或更高版本；

③ST-Link 驱动程序。

6.2　Rhino 内核移植

在开发板 Developer Kits 上，我们已经做好了 Rhino 内核的移植工作。若选用其他未提供移植支持的开发板进行本章的实验，我们需要先实现 Rhino 内核的移植，使 AliOS Things 可以在目标开发板上运行。本节以基于 Cortex-M4 处理器的开发板 Developer Kits 为示例进行移植适配。Cortex-M4 内核相关代码在 SDK 下路径为 platform\arch\arm\armv7m\armcc\m4。移植主要是指实现 arch 文件夹下相应 port.h 中所定义的接口，相关接口描述如下：

- size_t cpu_intrpt_save(void)

该接口主要完成关中断的操作，关中断的 CPU 状态需要返回。

- void cpu_intrpt_restore(size_t cpsr)

该接口主要完成开中断的操作，需要设置现有的 CPU 状态 cpsr。

- void cpu_intrpt_switch(void)

该接口主要完成中断切换时还原最高优先级的任务，需要取得最高优先级任务的栈指针并还原最高优先级任务的寄存器。

- void cpu_task_switch(void)

该接口主要完成任务切换，需要首先保存当前任务的寄存器，然后取得最高优先级任务的栈指针并还原最高优先级任务的寄存器。

- void cpu_first_task_start(void)

该接口主要完成启动系统第一个任务，需要还原第一个任务的寄存器。

- void *cpu_task_stack_init(cpu_stack_t *base, size_t size, void *arg, task_entry_t entry)

该接口主要完成任务堆栈的初始化，其中 size 以字长为单位。

- int32_t cpu_bitmap_clz(uint32_t val)

该接口主要是通过类似 Arm 中的 clz 指令实现位图的快速查找，在宏 RHINO_CONFIG_BITMAP_HW 打开时(置 1)用户需要使用 CPU 相关的指令实现该接口，在未打开时默认使用 Rhino 中的软件算法查找。

- RHINO_INLINE uint8_t cpu_cur_get(void)

该接口在 port.h 中默认的单核实现如图 6-1 所示。

```
RHINO_INLINE uint8_t cpu_cur_get(void){
    return 0;
}
```

图 6-1　接口 uint8_t cpu_cur_get 在 port.h 中默认的单核实现代码

参考 AliOS Things 的内核源代码，启动代码与打印函数。在移植过程中，我们需要更改 4 个文件中的函数。内核源码位于 SDK 路径：kernel\rhino\core 中。main 函数以及打印任务入口样例代码参考路径为 SDK 下：example\rhinorun。系统启动、初始化相关代码参考代码路径为 SDK 下：platform\mcu\stm32l4xx\src\STM32L496G-Discovery，其主要包括：

(1)startup_stm32l496xx_keil.s（初始堆、栈、异常向量表）；

(2)stm32l4xx_it.c（异常处理实现）；

(3)system_stm32l4xx.c（系统初始化 SystemInit）；

(4)soc_init.c（串口驱动、驱动总入口 stm32_soc_init）。

接下来进行基本内核代码修改。本次移植目标是建立一个基本的延时打印任务，需要的代码修改包括：

(1)基本的任务处理和调度代码；

(2)tick 时钟：SysTick_Handler 中断处理调用 krhino 处理函数 krhino_tick_proc；HAL_InitTick 设置每秒 Tick 数时，使用宏 RHINO_CONFIG_TICKS_PER_SECOND；

(3)soc_init.c 基本驱动初始化：实现 fputc 基本打印接口；stm32_soc_init 实现主驱动入口函数；

(4)example\rhinorun 实现 main 入口函数：分别调用 krhino_init、stm32_soc_init、krhino_start，并创建和启动 demo 任务。

6.3　UART HAL 移植

在内核移植完成后，为了使得 cli 组件工作，我们还需要完成 UART HAL 的移植对接。

HAL 层接口函数位于/include/hal/soc 目录下，UART 的 HAL 层接口函数定义在对应的 uart.h 中，由于 STM32L4 的驱动函数和 HAL 层定义的接口并非完全一致，所以需要在 STM32L4 驱动上封装一层，以对接 HAL 层。以 UART 为例，对接 UART1 和 UART2，我们需要新建两个文件 hal_uart_stm32l4. c 和 hal_uart_stm32l4. h，将封装层代码放到这两个文件中。在 hal_uart_stm32l4. c 中，首先定义相应的 STM32L4 的 UART 句柄如图 6-2 所示。

```
/* handle for uart */


UART_HandleTypeDef uart1_handle;
UART_HandleTypeDef uart2_handle;
```

图 6-2　UART 句柄

由于 HAL 层对于组件属性的宏定义和驱动层并非完全一致，如 HAL 层要配置 UART 的数据位为 8 位，应该配置 uart_config_t 的 hal_uart_data_width_t 成员为 DATA_WIDTH_8BIT(值为 3)，但是对应到 STM32L4 的初始化，要配置 UART 的数据位为 8bit，则应该配置 UART_InitTypeDef 的 WordLength 为 UART_WORDLENGTH_8BI(值为 0)。因而为了对这些进行转换，定义了下列函数，如图 6-3 至图 6-7 所示。

```
接口函数：static int32_t uart_dataWidth_transform(hal_uart_data_width_t data_
        width_hal,uint32_t *data_width_stm32l4);
输入参数：HAL 层数据宽度、STM32L4 对应的驱动数据宽度位数
返回参数：0：转换成功；-1：转换失败
说明：数据宽度转换
```

图 6-3　数据宽度转换

```
接口函数：static int32_t uart_parity_transform(hal_uart_parity_t parity_hal,
        uint32_t *parity_stm32l4);
输入参数：HAL 层奇偶校验。STM32L4 对应的奇偶校验选择
返回参数：0：转换成功；-1：转换失败
说明：奇偶校验转换
```

图 6-4　奇偶校验转换

```
接口函数：static int32_t uart_stop_bits_transform(hal_uart_stop_bits_t stop_bits
        _hal, uint32_t *stop_bits_stm32l4);
```

```
输入参数:HAL 层停止位、STM32L4 对应的驱动停止位
返回参数:0:转换成功;-1:转换失败
说明:停止位转换
```

图 6-5 停止位转换

```
接口函数:static int32_t uart_flow_control_transform(hal_uart_flow_control_t
        flow_control_hal, uint32_t *flow_control_stm32l4);
输入参数:HAL 层流控制选择、STM32L4 对应的串口流控制
返回参数:0:转换成功;-1:转换失败
说明:流控制位转换
```

图 6-6 流控制位转换

```
接口函数:static int32_t uart_mode_transform(hal_uart_mode_t mode_hal,
                                          uint32_t *mode_stm32l4);
输入参数:HAL 层串口模式、STM32L4 对应的串口模式
返回参数:0:转换成功;-1:转换失败
说明:串口模式转换
```

图 6-7 串口模式转换

在实现了 HAL 层接口和 STM32L4 的串口驱动层接口转换之后,再逐一实现 HAL 层的函数,具体函数如图 6-8 所示。(这里仅以 UART1 串口的移植过程为例,使用其他外设接口可以参考 AliOS Things 中的具体内容。)

```
int32_t uart1_init(uart_dev_t *uart)
{
    int32_t ret = 0;
    uart1_handle.Instance                   = UART1;
    uart1_handle.Init.BaudRate              = uart->config.baud_rate;
    ret = uart_dataWidth_transform(uart->config.data_width,
            &uart1_handle.Init.WordLength);
    /* 调用上面的转换接口实现对 UART1 的接口配置 */
    ret |= uart_parity_transform(uart->config.parity,
            &uart1_handle.Init.Parity);
    ret |= uart_stop_bits_transform(uart->config.stop_bits,
```

```
            &uart1_handle.Init.StopBits);
    ret |= uart_flow_control_transform(uart->config.flow_control,
            &uart1_handle.Init.HwFlowCtl);
    ret |= uart_mode_transform(uart->config.mode,
            &uart1_handle.Init.Mode);
    uart1_handle.Init.HwFlowCtl              = UART1_HW_FLOW_CTL;
    uart1_handle.Init.OverSampling           = UART1_OVER_SAMPLING;
    uart1_handle.Init.OneBitSampling         = UART1_ONE_BIT_SAMPLING;
    uart1_handle.AdvancedInit.AdvFeatureInit = UART1_ADV_FEATURE_INIT;
    /* init uart *//*上面的接口转换只是实现了 HAL 层到 STM32L4 的驱动层接口
转换，真正实现对底层的配置还是需要调用 L4 的底层驱动函数 */
    /* 真正实现对串口 1 的初始化 */
    uart1_MspInit();
    ret = HAL_UART_Init(&uart1_handle);
    return ret;}
    /* 实现对串口的数据发送函数 */
int32_t hal_uart_send(uart_dev_t *uart, const void *data, uint32_t size, uint32
_t timeout)
    {   int32_t ret = -1;
        if((uart != NULL) && (data != NULL)) {
        /* 调用 STM32L4 本身提供的串口驱动层函数实现数据收发 */
            ret = HAL_UART_Transmit_IT((UART_HandleTypeDef *)uart->priv,
                (uint8_t *)data, size);
    }
    return ret;
    }
    /* 实现对串口的数据接收函数 */
int32_t hal_uart_recv(uart_dev_t *uart, void *data, uint32_t size, uint32_t
timeout)
{
    int32_t ret = -1;
    if((uart != NULL) && (data != NULL)) {
    /* 调用 STM32L4 本身提供的串口驱动层函数实现数据收发 */
        ret = HAL_UART_Receive_IT((UART_HandleTypeDef *)uart->priv,
            (uint8_t *)data, size);
    }
```

```
return ret;
}
```

图 6-8 串口驱动实现

在对应的头文件 hal_uart_stm32l4.h 中需要添加使用的 STM32L4 的串口驱动文件以及对应使用的端口和宏定义信息。关于驱动文件、端口与宏的定义信息，我们可以参考 AliOS Things 中 hal_uart_stm32l4.h 的实现。完成以上代码即完成 UART 的 HAL 层对接，可以通过 HAL 层函数操作底层硬件。其他设备的对接方式与此相同。

在系统初始化时，定义相应的句柄并初始化即可调用相应的函数进行数据收发，如图 6-9 所示。

```
uart_dev_t uart_dev_com1;
static void uart_init(void)
{
    uart_dev_com1.port = PORT_UART1;
    uart_dev_com1.config.baud_rate = 115200;
    uart_dev_com1.config.data_width = DATA_WIDTH_8BIT;
    uart_dev_com1.config.parity = NO_PARITY;
    uart_dev_com1.config.stop_bits = STOP_BITS_1;
    uart_dev_com1.config.flow_control = FLOW_CONTROL_DISABLED;
    uart_dev_com1.config.mode = MODE_TX_RX;

    hal_uart_init(&uart_dev_com1);
}
```

图 6-9 串口初始化

更多 HAL 层对接示例见目录 platform/mcu/stm32l4xx/src/STM32L496G-Discovery/hal。

6.4 Shell 相关代码

完成环境搭建、内核移植及相关驱动开发后，读者可以开始编写相关应用开发代码。

本次实验包含系统启动函数和打印函数。系统启动函数是在 AliOS Things 完成系统组件加载初始化后开始执行的。系统组件可以根据任务需求设置 aos_init.c 文件组件加载对应的预编译命令。在程序运行至系统启动函数后，首先发布一个回调函数，然后执行 aoc_loop_run()函数，系统进入 idle 状态。1 秒后，回调函数开始运行，通过串口打印函数名、函数所在行和任务名。然后将该函数注册到回调函数，使该函数周期运行。相关函数如图 6-10 所示。

```
/* Copyright(C) 2015 - 2017 Alibaba Group Holding Limited */

#include <aos/aos.h>

static void app_delayed_action(void *arg)
{
    LOG("%s:%d %s\r\n", _func_, _LINE_, aos_task_name());
    aos_post_delayed_action(5000, app_delayed_action, NULL);
}

int application_start(int argc, char *argv[])
{
    aos_post_delayed_action(1000, app_delayed_action, NULL);
    aos_loop_run();
    return 0;
}
```

图 6-10　Hello world 工程代码

6.5　实战步骤

6.5.1　安装 STM32 ST-LINK Utility 驱动程序

在开发板 Developer Kits 上集成了 ST 公司的 STM32 仿真器 ST-LINK，可以方便地进行程序的仿真与烧录。STM32 ST-LINK Utility 驱动程序在 ST 公司官方网站 www.st.com 可以免费下载：首先登录 www.st.com，然后搜索 STSW-LINK004，如图6-11所示。

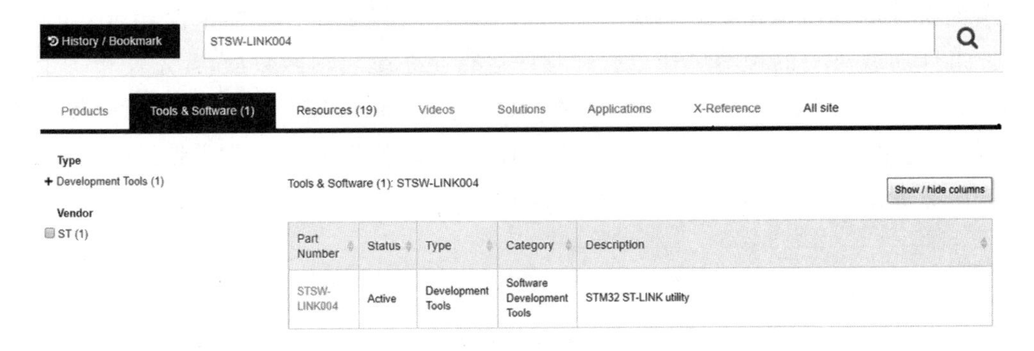

图 6-11　搜索 STSW-LINK004 软件

在搜索结果中单击"STSW-LINK004",进入软件下载页面。在下载页面底部,单击"Get Software",如图 6-12 所示。

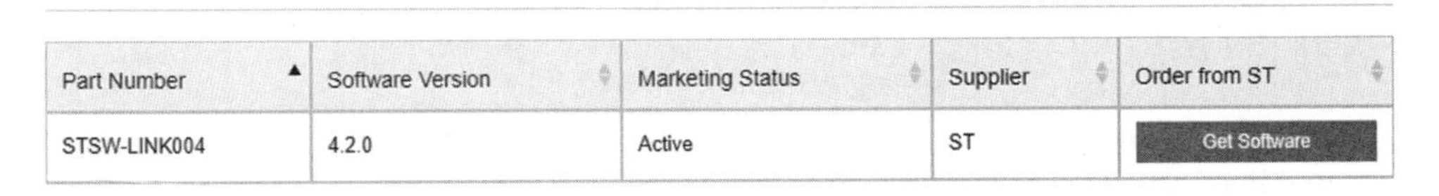

GET SOFTWARE
Part Number
Software Version
Marketing Status
Supplier
Order from ST
STSW-LINK004
4.2.0
Active
ST
Get Software

图 6-12　下载 STSW-LINK004 软件

在网页上弹出的 License Agreement 页面勾选"ACCEPT"按钮,如图 6-13 所示。

License Agreement

ACCEPT

By using this Licensed Software, You are agreeing to be bound by the terms and conditions of this License Agreement. Do not use the Licensed Software until You have read and agreed to the following terms and conditions. The use of the Licensed Software implies automatically the acceptance of the following terms and conditions.

图 6-13　接受 License Agreement

选择获取软件方式为登录账户,ST 账户可在官方网站 www. st. com 上免费注册。登录成功后浏览器会自动下载软件,如图 6-14 所示。

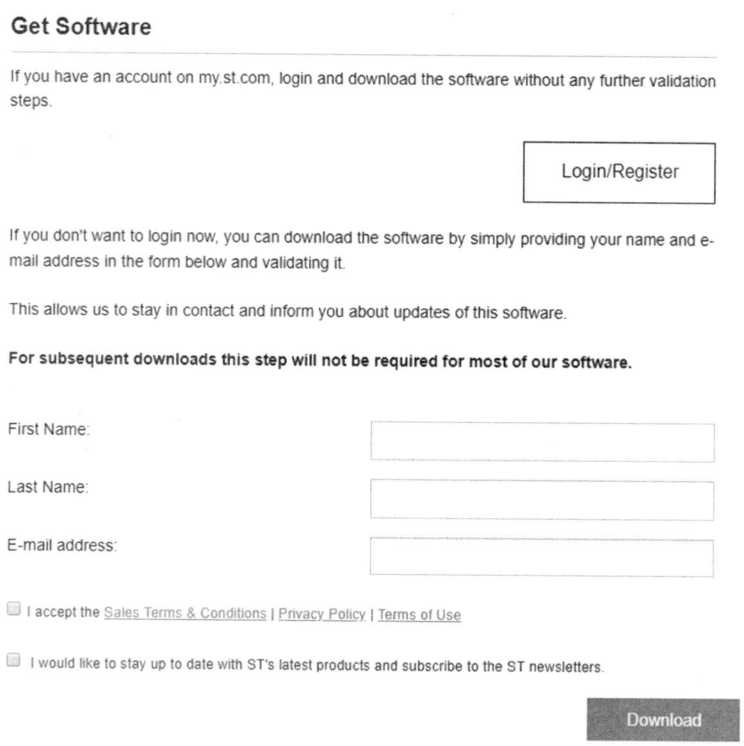

Get Software

If you have an account on my.st.com, login and download the software without any further validation steps.

Login/Register

If you don't want to login now, you can download the software by simply providing your name and e-mail address in the form below and validating it.

This allows us to stay in contact and inform you about updates of this software.

For subsequent downloads this step will not be required for most of our software.

First Name:

Last Name:

E-mail address:

I accept the Sales Terms & Conditions | Privacy Policy | Terms of Use

I would like to stay up to date with ST's latest products and subscribe to the ST newsletters.

Download

图 6-14　登录用户账户

解压下载的软件压缩包，双击"安装"程序，选择"Next"按钮，如图 6-15 所示。

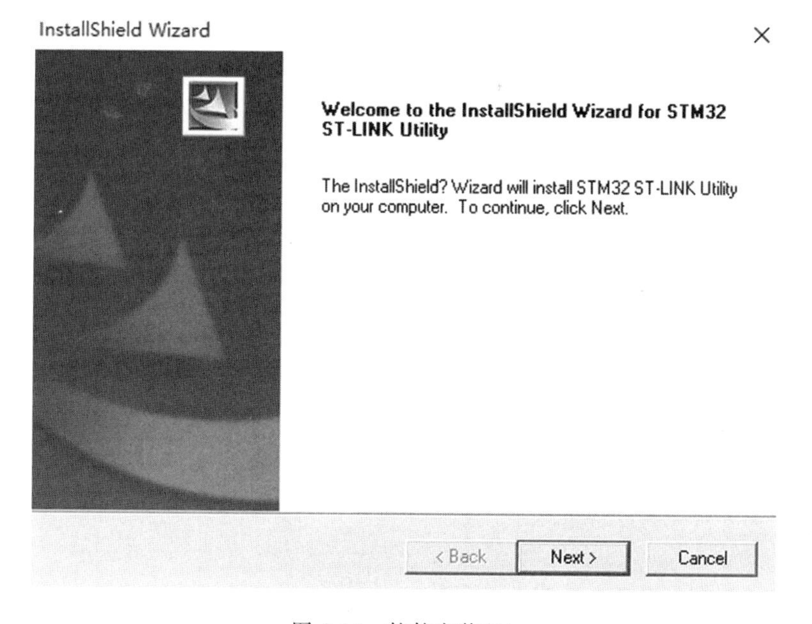
InstallShield Wizard
Welcome to the InstallShield Wizard for STM32 ST-LINK Utility
The InstallShield? Wizard will install STM32 ST-LINK Utility on your computer. To continue, click Next.
< Back
Next >
Cancel

图 6-15　软件安装(1)

进入 License Agreement 界面，选择“Yes”，同意 SOFTWARE LICENSE AGREEMENT，如图 6-16 所示。

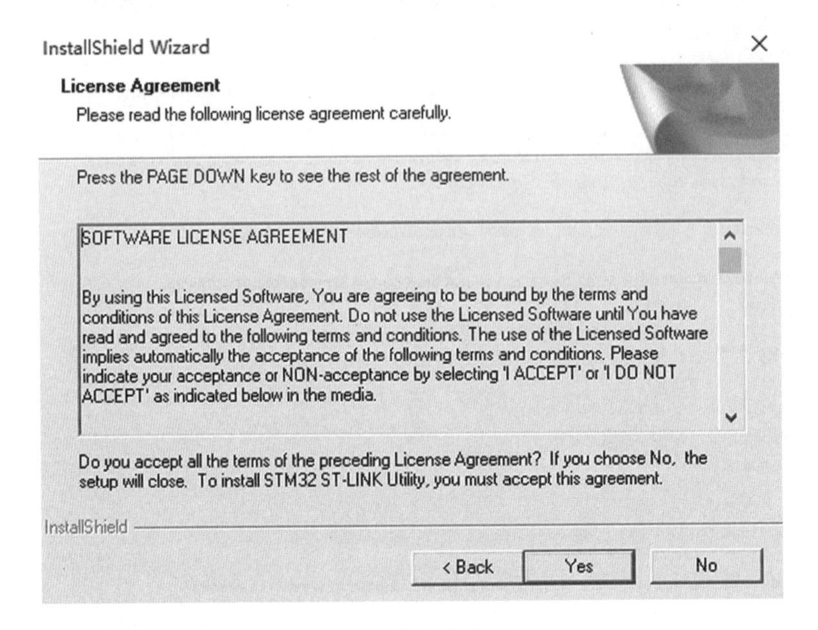

图 6-16 软件安装(2)

选择安装路径时，可以选择默认安装路径，也可以修改为用户指定路径。完成后单击“Next”按钮，如图 6-17 所示。

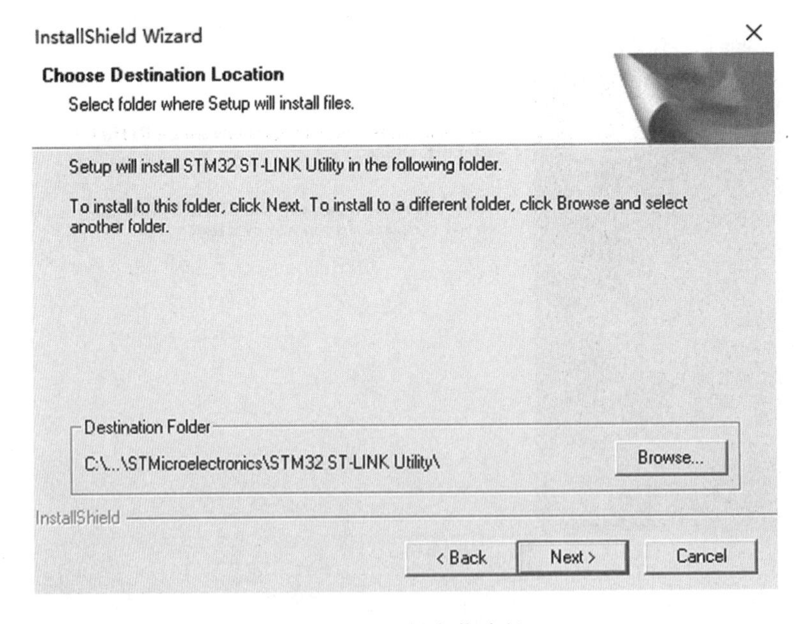

图 6-17 选择安装路径

进入驱动安装向导，选择“下一步”，如图 6-18 所示。

图 6-18　安装驱动

安装完成后，点击“完成”按钮，结束驱动安装，如图 6-19 所示。

图 6-19　驱动安装完成

单击“Finish”按钮，完成软件安装，如图 6-20 所示。

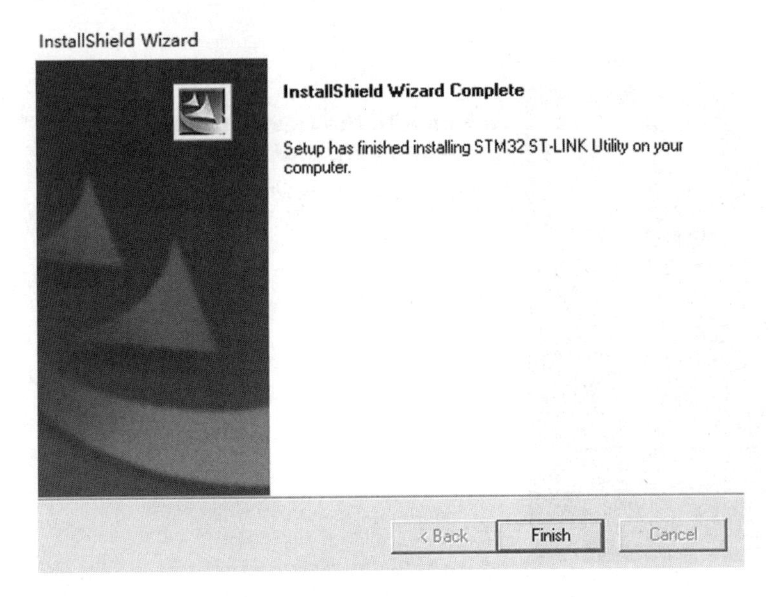

图 6-20　软件安装完成

6.5.2　打开工程

打开 Visual Studio Code，单击页面左上角“开始”中的“打开文件夹”选项，如图 6-21 所示。

图 6-21　打开文件夹

在文件资源管理器中找到从 https://github.com/alibaba/AliOS-Things 地址上下载的开源的 AliOS-Things 文件。单击选中 AliOS Things master 文件夹，然后单击右下角“选择文件夹”按钮，如图 6-22 所示。

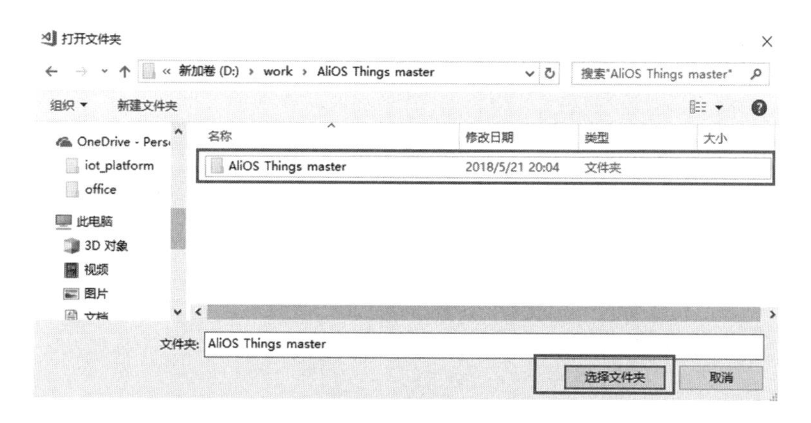

图 6-22　选中 AliOS Things master 文件夹

然后，我们可以看到资源管理器中出现了 AliOS Things master 文件夹。打开该文件夹，可以看到其包含很多子文件夹和文件，如图 6-23 所示。

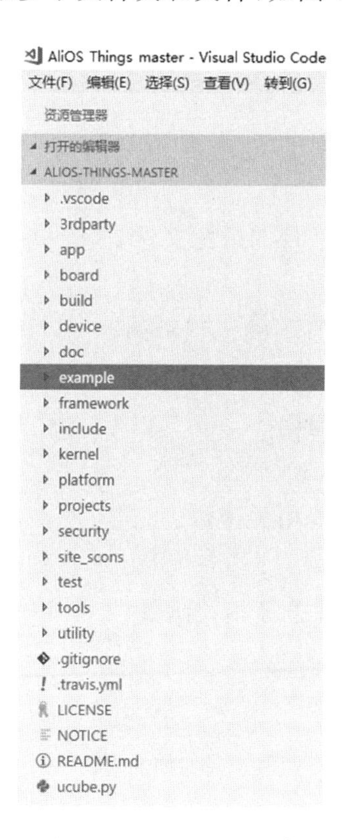

图 6-23　AliOS Things master 文件夹中内容

1. 文件夹

(1). vscode。

编译器. vscode 设置相关命令。

(2)3rdparty。

AliOS Things 的第三方库函数。

(3)app。

AliOS Things 多 bin 编译相关文件目录。

(4)board。

AliOS Things 适配不同开发板的硬件配合函数。

(5)build。

编译指令文件目录。

(6)device。

AliOS Things 基础组件相关函数文件。

(7)framework。

AliOS Things 组件框架相关函数文件。

(8)include。

AliOS Things 头文件目录。

(9)kernel。

AliOS Things 内核相关程序。

(10)platform。

AliOS Things 针对不同平台的适配文件。

(11)projects。

AliOS Things 在不同 IDE 下的工程示例。

(12)security。

AliOS Things 安全相关程序。

(13)tools。

AliOS Things 支持的工具相关函数。

(14)utility。

与 AliOS Things 加密,日志等相关函数。

2. 文件

(1)LICENSE。

设备证书信息信息。

(2)NOTICE。

软件权限声明信息。

(3)README. md。

工程说明文档。

本次实验中选择 Hello world 工程。第一步,单击页面底部第一个选项"uDataapp@developerkit"(项目名称@开发板)。第一次打开时,也有可能是其他的项目和工具。第二步，选择"helloworld"项目，如图 6-24 所示。第三步，选择"developerkit"开发板，如图 6-25 所示。

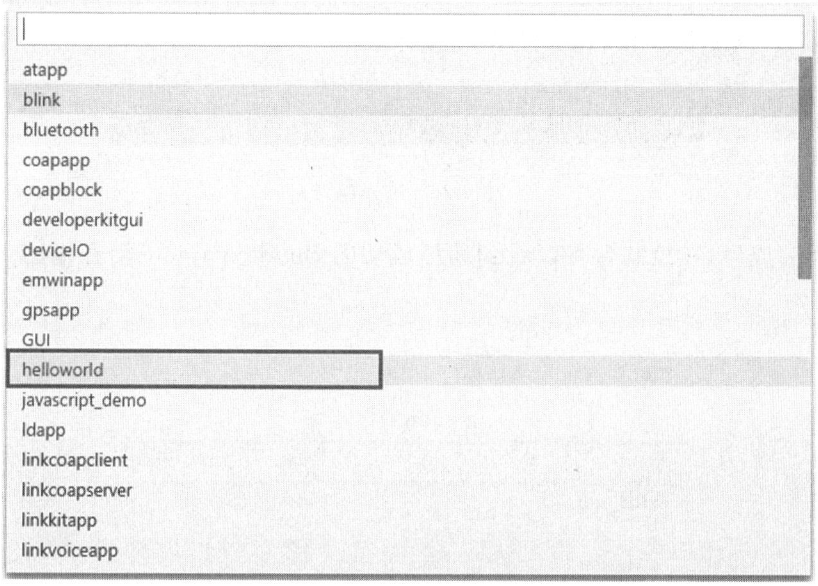

atapp
blink
bluetooth
coapapp
coapblock
developerkitgui
deviceIO
emwinapp
gpsapp
GUI
helloworld
javascript_demo
ldapp
linkcoapclient
linkcoapserver
linkkitapp
linkvoiceapp

图 6-24　选择"helloworld"项目

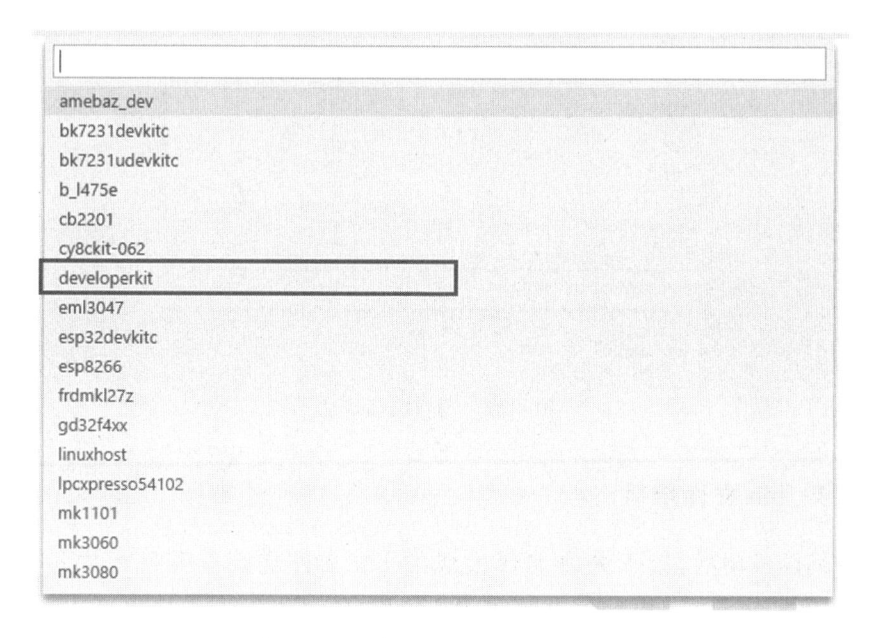

图 6-25　选择"developerkit"开发板

6.5.3　编译

新建项目后在主页面文件导航栏中打开 example\helloworld\helloworld.c 文

件。代码中声明了 aos.h 头文件，该头文件提供了 AliOS Things 系统相关 API。代码中一共包含两个函数：static void app_delayed_action(void * arg)，是打印函数；int application_start(int argc, char * argv[])，是应用启动函数。点击主页面底部的“Build”按钮，编译项目，如图 6-26 所示。

图 6-26　项目编译

编译完成后，在控制台可以看到编译成功的 Build complete 消息输出，如图6-27所示。

问题　输出　调试控制台　终端

AOS MEMORY MAP

MODULE	ROM	RAM
newlib_stub	415	0
libgcc	3136	0
sal	9146	250
helloworld	165	0
log	424	20
device_sal_mk3060	8540	265
yloop	1365	24
developerkit	4625	1343
libc_nano	14585	464
vcall	3304	4
stm32l4xx_cube	19667	8004
cli	5380	481
kernel_init	649	36
sensor	8156	243
hal	156	8
rhino	12601	7629
atparser	5060	21
vfs	1881	1209
armv7m	392	0
fill	152	1603
TOTAL (bytes)	99799	21604

Build complete
Making .gdbinit

图 6-27　项目编译成功

6.5.4　bin 文件烧录

项目编译成功后，接下来将编译生成的 bin 文件烧录至开发板中运行。通过 USB 线将开发板连接至电脑。直接单击 VS Code 页面下方的“Upload”按钮，将 bin 文件下载到开发板，如图 6-28 所示。

图 6-28　bin 文件下载

输出窗口出现“erase succeed”和“firmware upload succeed”，说明下载成功，如图 6-29 所示。

```
问题　　输出　　调试控制台　　终端

> Executing task: aos upload helloworld@developerkit <

aos-cube version: 0.2.45
[INFO]:target: helloworld@developerkit
[INFO]:Currently in aos_sdk_path: 'D:\work\AliOS-Things-master\AliOS-Things-master'

[INFO]:upload_cmd: 'D:/work/AliOS-Things-master/AliOS-Things-master/build/cmd/win32/st-flash.exe'

[INFO]:image_path: 'D:\work\AliOS-Things-master\AliOS-Things-master\out\helloworld@developerkit\binary\helloworld@developerkit.bin'
st-flash 1.5.0
2018-07-19T11:04:13 INFO common.c: Loading device parameters....
2018-07-19T11:04:13 INFO common.c: Device connected is: L496x/L4A6x device, id 0x20006461
2018-07-19T11:04:13 INFO common.c: SRAM size: 0x40000 bytes (256 KiB), Flash: 0x100000 bytes (1024 KiB) in pages of 2048 bytes
2018-07-19T11:04:13 INFO common.c: Attempting to write 101568 (0x18cc0) bytes to stm32 address: 134217728 (0x8000000)
Flash page at addr: 0x08018800 erasedEraseFlash - Page:0x31 Size:0x800
2018-07-19T11:04:14 INFO common.c: Finished erasing 50 pages of 2048 (0x800) bytes
2018-07-19T11:04:14 INFO common.c: Starting Flash write for F2/F4/L4
2018-07-19T11:04:14 INFO flash_loader.c: Successfully loaded flash loader in sram
size: 32768
size: 32768
size: 32768
size: 3264
2018-07-19T11:04:16 INFO common.c: Starting verification of write complete
2018-07-19T11:04:17 INFO common.c: Flash written and verified! jolly good!
firmware upload succeed
```

图 6-29　bin 文件下载成功

6.5.5　Shell 交互

在 helloworld 工程中，系统包含了 AliOS Things 的 cli 组件，支持通过 Shell 进行命令交互。在 Visual Studio Code 主页面底部单击“Connect Device”，选择对应的 COM 端口连接设备，如图 6-30 所示。

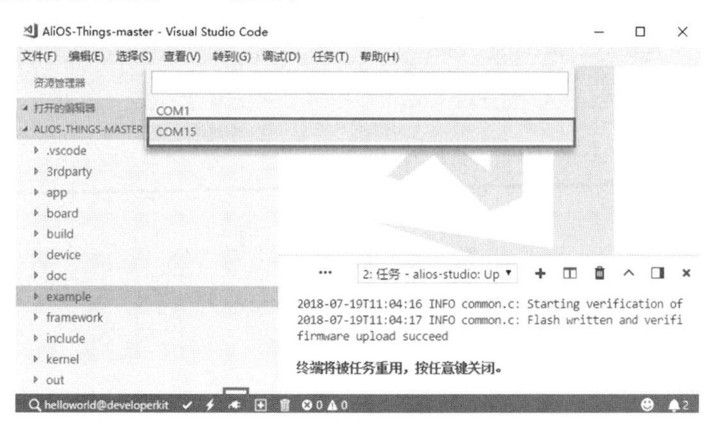

图 6-30　连接设备

而后设置波特率，输入 115200，并按下“Enter”键确定，如图 6-31 所示。

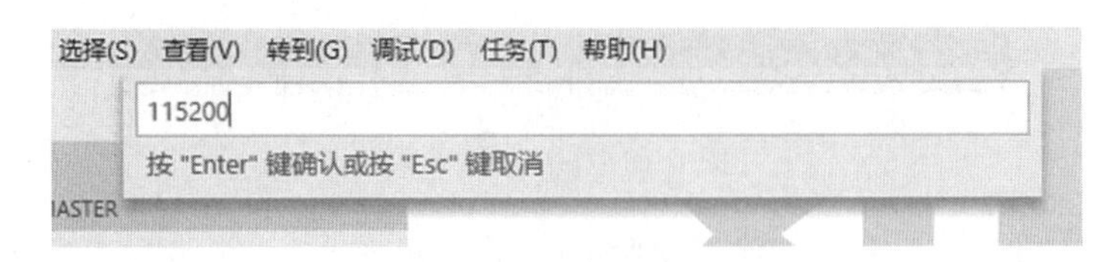

图 6-31 设置波特率

识别开发板 COM 端口后单击底部 COM 端口，并在控制台选择终端栏，进入 Shell。在终端栏左上角选择框中选择“alios-studio：Serial Monitor”，如图 6-32 所示。

问题 输出 调试控制台 终端

```
[176420]<V> helloworld app_delayed_action:9 aos-init
[181430]<V> helloworld app_delayed_action:9 aos-init
[186440]<V> helloworld app_delayed_action:9 aos-init
[191450]<V> helloworld app_delayed_action:9 aos-init
[196460]<V> helloworld app_delayed_action:9 aos-init
```

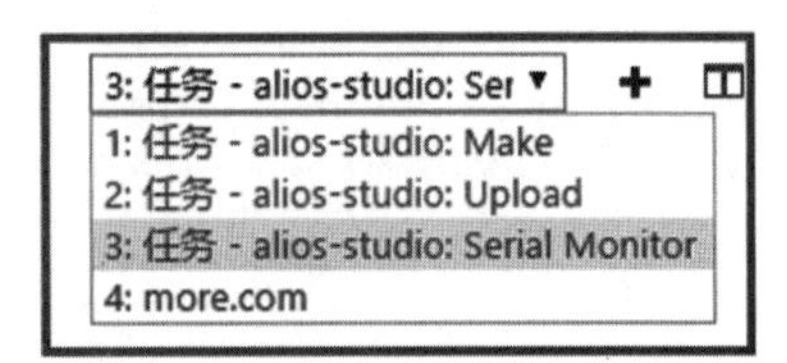

图 6-32 打开 Shell 命令

在 Shell 窗口中输入 help 查看当前支持的指令，如图 6-33 所示。

问题 输出 调试控制台 终端

```
time: system time
ota: system ota

====User Commands====
loglevel: set log level
tasklist: list all thread info
dumpsys: dump system info
udp: [ip] [port] [string data] send udp data
wifi_debug: wifi debug mode
mac: get/set mac
```

图 6-33 查看 Shell 命令

6.5.6 Shell 命令介绍

通过 AliOS Things 的 Shell 功能，我们可以方便地调用系统函数与用户函数，调整函数的参数。这极大地简化了程序的调试过程。下面对 Hello world 工程中 Shell 支持的命令作简要介绍。

命令内容	说明
help	打印系统帮助信息
sysver：	打印系统版本信息
exit	退出 Shell 控制台
tasklist	打印系统当前任务的状态以及资源占用情况
tftp	运行 tftp 客户端或者服务端程序
udp	发送 UDP 数据包
devname	打印当前正在运行的设备名
dumpsys	打印系统当前任务或内存信息
reboot	重启系统
time	打印从系统启动到当前所经历的时间
ota	终端运行 fota 升级程序

6.6　实战成果

在 Visual Studio Code 中连接目标开发板后，设置好 COM 端口与波特率。我们可以看到运行结果，AliOS Things 将运行日志打印输出在 Visual Studio Code 控制台的输出窗口上。

在输出窗口上每隔 5 秒钟显示一次开发板发送过来的信息："helloworld app_delayed_action：9 aos-init"，如图 6-34 所示。格式是"helloworld 函数名：该段代码在文件中的行数 任务名"。

问题 2　输出　调试控制台　终端

```
start-----------hal
trace config close!!!
[000010]<V> sensor:  drv_baro_bosch_bmp280_init successfully

[000010]<V> sensor:  drv_als_liteon_ltr553_init successfully

[000020]<V> sensor:  drv_ps_liteon_ltr553_init successfully

[000030]<V> sensor:  drv_temp_sensirion_shtc1_init successfully

[000030]<V> sensor:  drv_humi_sensirion_shtc1_init successfully

[001070]<V> helloworld app_delayed_action:9 aos-init

[006080]<V> helloworld app_delayed_action:9 aos-init
```

图 6-34　程序运行结果

系统运行日志打印在控制台的输出窗口上，如图 6-34 所示。系统首先进行了硬件初始化函数；然后周期运行 aos_delayed_action 回调函数。

在本章中我们学习了在 Visual Studio Code 上进行 AliOS Things 开发的基本步骤。在下一章中我们将进行更有挑战性的实验。

第7章　实践例程二：MQTT上传数据到IoT套件

7.1　实践内容与软、硬件准备

本章MQTT上传数据到物联网平台IoT套件例程是运行在AliOS Things Developer Kits开发板之上的，对于其他开发板的支持例程请参考官方GitHub源码。在本次实践中，设备通过开发板自带Wi-Fi模组连接网络，并上传自定义数据到IoT平台端。本章可以帮助读者熟悉MQTT协议以及设备和平台数据通信流程。本章需要准备的硬件如下：

- AliOS Things开发板Developer Kits一块；
- USB转串口线。

需要准备的软件环境如下：

- 安装有alios-studio插件的Visual Studio Code；
- ST-Link驱动程序；
- 串口调试助手：serial_port_utility；
- 串口驱动程序安装：驱动软件为ch341_driver.exe。

7.2　Wi-Fi移植

本次实践需要支持Wi-Fi数据传输功能，因此我们要对Wi-Fi HAL接口进行移植实现。本章例程所使用的开发板为Developer Kits开发板，该开发板已经实现了Wi-Fi的移植，如果使用其他开发板运行此例程，需要在上一章节kernel移植基础上加上Wi-Fi的移植，本节将具体介绍Wi-Fi移植的相关步骤。在平台移植过程中，我们需要对接与Wi-Fi相关的接口，以及AliOS Things中与Wi-Fi HAL相关的一个重要结构体hal_wifi_module_t。Wi-Fi相关的操作和接口都封装在hal_wifi_module_t这个结构体中，相关定义在文件wifi_hal.h中。

hal_wifi_module_t结构体定义如图7-1所示。

```
struct hal_wifi_module_s {
    hal_module_base_t     base;
    const hal_wifi_event_cb_t * ev_cb;

    int  (* init)(hal_wifi_module_t * m);
    void (* get_mac_addr)(hal_wifi_module_t * m, uint8_t * mac);
    int  (* start)(hal_wifi_module_t * m, hal_wifi_init_type_t * init_para);
    int  (* start_adv)(hal_wifi_module_t * m, hal_wifi_init_type_adv_t * init_para
         _adv);
    int  (* get_ip_stat)(hal_wifi_module_t * m, hal_wifi_ip_stat_t
         * out_net_para, hal_wifi_type_t wifi_type);
    int  (* get_link_stat)(hal_wifi_module_t * m, hal_wifi_link_stat_t * out_
         stat);
    void (* start_scan)(hal_wifi_module_t * m);
    void (* start_scan_adv)(hal_wifi_module_t * m);
    int  (* power_off)(hal_wifi_module_t * m);
    int  (* power_on)(hal_wifi_module_t * m);
    int  (* suspend)(hal_wifi_module_t * m);
    int  (* suspend_station)(hal_wifi_module_t * m);
    int  (* suspend_soft_ap)(hal_wifi_module_t * m);
    int  (* set_channel)(hal_wifi_module_t * m, int ch);
    void (* start_monitor)(hal_wifi_module_t * m);
    void (* stop_monitor)(hal_wifi_module_t * m);
    void (* register_monitor_cb)(hal_wifi_module_t * m, monitor_data_cb_t fn);
    void (* register_wlan_mgnt_monitor_cb)(hal_wifi_module_t * m, monitor_data_cb_t
        fn);
    int  (* wlan_send_80211_raw_frame)(hal_wifi_module_t * m, uint8_t * buf,
         int len);
};
```

图 7-1　hal_wifi_module_t 结构体定义

移植步骤如下:

步骤 1:理解 Wi-Fi 接口的实现

在具体的平台移植过程中,针对不同的 Wi-Fi 模块,用户需要分别实现相应 Wi-Fi模块结构体中的接口函数。AliOS Things 对 Wi-Fi HAL 接口有一层通用封装,参见 kernel/hal/wifi.c 文件。具体硬件相关的接口实现,一般在 platform/mcu/

xxx/hal/wifi_port.c 中，具体示例可以参考实现 platform/mcu/esp32/hal/wifi_port.c。关于 Wi-Fi HAL 通用结构体接口的说明，可以参照 Wi-Fi HAL。下面对每个接口作一些说明：

init

该接口需要对 Wi-Fi 进行初始化，如分配 Wi-Fi 资源、初始化硬件模块等操作，使 Wi-Fi 进入可以准备进行连接工作的状态。

get_mac_addr

通过该接口可以获取 Wi-Fi 的物理硬件地址。注意，回传的 mac 地址格式为 6 字节二进制值（不含：号），如 uint8_t mac[6]＝{0xd8，0x96，0xe0，0x03，0x04，0x01}。

set_mac_addr

通过该接口可以设置 Wi-Fi 的物理硬件地址。

start

通过该接口可以启动 Wi-Fi，根据启动参数不同来区分启动 station 模式还是 AP 模式，如是在 station 模式下则进行连接 AP 的操作，如是在 AP 模式下根据参数启动自身 AP 功能。在 station 模式下，该函数触发 AP 连接操作后即返回。后续底层处理过程中，拿到 IP 信息后，需要调用 ip_got 回调函数来通知上层获取 IP 事件。需要注意两点：①station 模式下启动 Wi-Fi 连接时，传入的 SSID 长度不超过 32 位；②在连接 AP 后，Wi-Fi 底层需要维护自动重连操作。

start_adv

该接口类似 start，但启动的参数更丰富。该接口为一个可选接口。

get_ip_stat

通过该接口可以获取 Wi-Fi 工作状态下的 IP 信息，如 IP、网关、子网掩码、MAC 地址等信息。

get_link_stat

通过该接口可以获取 Wi-Fi 工作状态下的链路层信息，如连接信号强度、信道、SSID 等信息。

start_scan

该接口启动 station 模式下的信道扫描。扫描结束后，调用 scan_compeleted 回调函数，将各个信道上扫描到的 AP 信息通知给上层。需要得到的扫描信息在 hal_wifi_scan_result_t 中定义。注意，扫描结果存储所需要的内存在底层实现中被分配，回调函数返回后再将该内存释放。

start_scan_adv

该接口与 hal_wifi_start_scan 类似，但扫描的信息更多，如 bssid、channel 信息等，需要扫描得到的信息在 hal_wifi_scan_result_adv_t 中定义。扫描结束后，通过调用 scan_adv_compeleted 回调函数通知上层。注意，扫描结果存储所需要的内存在底层实现中分配，回调函数返回后再将该内存释放。

power_off

该接口对 Wi-Fi 硬件进行断电操作。

power_on

该接口对 Wi-Fi 硬件进行上电操作。

suspend

该接口断开 Wi-Fi 所有连接，同时支持 station 模式和 soft AP 模式。

suspend_station

该接口断开 Wi-Fi 所有连接，支持 station 模式。

suspend_soft_ap

该接口断开 Wi-Fi 所有连接，支持 soft AP 模式。

set_channel

通过该接口可以设置信道。

wifi_monitor

该接口启动监听模式，并且在收到任何数据帧（包括 beacon、probe request 等）时，调用 monitor_cb 回调函数进行处理。注意：回调函数是上层通过 register_monitor_cb 进行注册的；监听模式下，上层 cb 函数期望处理的包不带 FCS 域，所以底层的数据包如果带 FCS 应当先剥离再往上层传递。

stop_wifi_monitor

该接口关闭侦听模式。

register_monitor_cb

该接口注册侦听模式回调函数，回调函数在底层接收到任何数据帧时被调用。

register_wlan_mgnt_monitor_cb

该接口注册管理帧回调函数（非监听模式下），该回调函数在底层接收到管理帧时被调用。

start_debug_mode

该接口进入调试模式，是一个可选接口（若模块支持）。

stop_debug_mode

该接口退出调试模式，是一个可选接口。

wlan_send_80211_raw_frame

该接口可以用于发送 802.11 格式的数据帧。

具体示例，可以参考 ESP32 平台实现：platform/mcu/esp32/hal/wifi_port.c。

步骤 2：Wi-Fi 事件回调函数实现

在 Wi-Fi 移植过程中，Wi-Fi 事件及回调函数是很重要的一个内容。AliOS

Things 中 Wi-Fi 事件的回调函数在 netmgr 模块中定义，请参照 framework/netmgr。在配网过程中，netmgr 负责定义和注册 Wi-Fi 回调函数；而在 Wi-Fi 启动和运行的过程中，通过调用回调函数来通知上层应用，以执行相应的动作。这些 Wi-Fi 事件的回调函数，应该在 Wi-Fi 网络驱动（通常是 HAL 层实现或更底层的代码）的任务上下文中被触发。例如：

（1）在 Wi-Fi 底层拿到 IP 后，应执行 ip_got 回调函数，并将 IP 信息传递给上层；

（2）在 Wi-Fi 完成信道扫描后，应调用 scan_compeleted 或者 scan_adv_compeleted 回调函数，将扫描结果传递给上层；

（3）在 Wi-Fi 状态改变时，应调用 stat_chg 回调函数。

需要再次强调的是，这些事件回调函数由 netmgr 配网模块定义并注册，在 Wi-Fi底层（如 HAL）里面触发调用。

图 7-2 是 AliOS Things 中定义的 Wi-Fi 事件回调函数和接口，相关定义在文件 wifi_hal.h 中。

```
typedef struct {
    void ( * connect_fail)(hal_wifi_module_t * m, int err, void * arg);
    void ( * ip_got)(hal_wifi_module_t * m, hal_wifi_ip_stat_t * pnet, void *
          arg);
    void ( * stat_chg)(hal_wifi_module_t * m, hal_wifi_event_t stat, void * arg);
    void( * scan_compeleted)(hal_wifi_module_t * m, hal_wifi_scan_result_t *
         result, void * arg);
    void( * scan_adv_compeleted)(hal_wifi_module_t * m,hal_wifi_scan_result_adv_
         t * result, void * arg);
    void ( * para_chg)(hal_wifi_module_t * m, hal_wifi_ap_info_adv_t * ap_info,
          char * key, int key_len, void * arg);
    void ( * fatal_err)(hal_wifi_module_t * m, void * arg);
    } hal_wifi_event_cb_t;
```

图 7-2　Wi-Fi 事件回调函数和接口

步骤 3：初始化 Wi-Fi 和注册模块

在完成 Wi-Fi 接口和事件回调的实现后，定义一个 hal_wifi_module_t 的结构体，将各个接口和回调的实现地址赋值给结构体中对应的域，如图 7-3 所示：

```
hal_wifi_module_t sim_aos_wifi_vendor = {
    .base.name                = "AliOS_wifi_vender_name",
```

```
    .init                 = wifi_init,
    .get_mac_addr         = wifi_get_mac_addr,
    .start                = wifi_start,
    .start_adv            = wifi_start_adv,
    .get_ip_stat          = get_ip_stat,
    .get_link_stat        = get_link_stat,
    .start_scan           = start_scan,
    .start_scan_adv       = start_scan_adv,
    .power_off            = power_off,
    .power_on             = power_on,
    .suspend              = suspend,
    .suspend_station      = suspend_station,
    .suspend_soft_ap      = suspend_soft_ap,
    .set_channel          = set_channel,
    .start_monitor        = start_monitor,
    .stop_monitor         = stop_monitor,
    .register_monitor_cb= register_monitor_cb,
    .register_wlan_mgnt_monitor_cb = register_wlan_mgnt_monitor_cb,
    .wlan_send_80211_raw_frame = wlan_send_80211_raw_frame,
};
```

图 7-3 hal_wifi_module_t 结构体

一般在板级初始化的过程中，先通过 hal_wifi_register_module 接口对 Wi-Fi 模块进行注册，然后调用 hal_wifi_init 接口对 Wi-Fi 硬件模块进行初始化。具体示例如图 7-4 所示。至此，Wi-Fi HAL 模块就完成了初始化，可以开始使用。

```
void hal_wifi_register_module(hal_wifi_module_t *m);
int hal_wifi_init(void);
```

图 7-4 板级初始化示例代码

步骤 4：应用层对接口的调用

需要使用 Wi-Fi 功能和接口时，可以通过调用下面的函数来获取默认的 Wi-Fi 模块结构体（第一个被注册的模块）。一般系统中只注册一个 Wi-Fi 模块，在使用 Wi-Fi HAL 接口时，通过 hal_wifi_module_t *m 指定所使用的 Wi-Fi 模块，若为 NULL，则使用默认的 Wi-Fi 模块（使用图 7-5 所示接口）。

```
hal_wifi_module_t * hal_wifi_get_default_module(void);
```

图 7-5　调用默认 Wi-Fi 模块

7.3　实战代码

本节中，MQTT 例程代码中 mqtt-example.c 是通过 AT 联网指令联网并上传与接收数据。我们将详细介绍mqtt-example.c文件，即使用 AliOS Things 开发板 Developer Kits 和开发板自带模组进行联网的例程。

通过前面的 Helloworld 例程实战，我们已经知道了程序的 main 函数入口，以及在程序进入开发者真正的应用函数入口之前所完成的一系列初始化工作，故此处不再赘述。接下来，我们直接介绍与本次 MQTT 例程开发相关的主要函数代码。

(1)int application_start(int argc, char * argv[])。

该函数是开发者真正的应用入口函数，函数代码如图 7-6 所示。在本函数中完成的主要功能为：

①AT 指令初始化，SAL 框架初始化；

②设置输出的 Log 等级 aos_set_log_level(AOS_LL_DEBUG)；

③AliOS Things 定义了一系列系统事件，程序可以通过 aos_register_event_filter()注册事件监听函数，进行相应的处理，比如 Wi-Fi 事件；

④在配网过程中，netmgr 负责定义和注册 Wi-Fi 回调函数 netmgr_init()。

⑤通过调用 aos_loop_run()进入事件循环。

```
int application_start(int argc, char * argv[])
{
    #if AOS_ATCMD              /* AT 指令初始化 */
        at.set_mode(ASYN);
        at.init(&at_uart, AT_RECV_DELIMITER, AT_SEND_DELIMITER, 1000);
                               /* AT 命令初始化 */
    #endif
    #ifdef WITH_SAL            /* SAL 框架初始化 */
        sal_init();
    #endif
    aos_set_log_level(AOS_LL_DEBUG);        /* 设置 LOG 等级 */
    aos_register_event_filter(EV_WIFI, wifi_service_event, NULL);
                               /* 监听 Wi-Fi 事件 */
```

```
    netmgr_init();/ * 用于对 netmgr 组件进行初始化 * /
    netmgr_start(false);/ * 是可选的，它的作用是启动配网流程 * /
    aos_cli_register_command(&mqttcmd);
    aos_loop_run();
    return 0;
}
```

图 7-6　application_star()函数代码

(2) static void wifi_service_event(input_event_t * event, void * priv_data)

该函数是Wi-Fi 事件处理函数，当有 Wi-Fi 事件发生时运行该函数，其代码如图 7-7 所示。在该函数中完成的主要功能为进行 Wi-Fi 事件的判断，包括事件类型的确认等，在确认无误后调用 mqtt_client_example()函数。

```
static void wifi_service_event(input_event_t * event, void * priv_data) {
    if (event->type != EV_WIFI) {
        return;
    }
    if (event->code != CODE_WIFI_ON_GOT_IP) {
        return;
    }
    LOG("wifi_service_event!");
    mqtt_client_example();
}
```

图 7-7　wifi_service_event()函数代码

(3) int mqtt_client_example(void)。

mqtt_client_example()函数是本次 MQTT 例程中的主要函数，如图 7-8 所示。该函数所实现的主要功能是：

①获取设备进行鉴权注册时的相关参数；

②通过 Wi-Fi 连接 IoT 平台，进行设备注册。

```
int mqtt_client_example(void)
{
    memset(&mqtt, 0, sizeof(MqttContext));
    / * 获取设备连接时的相关参数 * /
    strncpy(mqtt.productKey,PRODUCT_KEY,sizeof(mqtt.productKey) - 1);
    strncpy(mqtt.deviceName,DEVICE_NAME,sizeof(mqtt.deviceName) - 1);
```

```
    strncpy(mqtt.deviceSecret,DEVICE_SECRET,sizeof(mqtt.deviceSecret) - 1);
    mqtt.max_msg_size = MSG_LEN_MAX;   /* 消息的大小限制 */
    mqtt.max_msgq_size = 8;            /* 消息队列的大小限制 */
    mqtt.event_handler = smartled_event_handler;
    mqtt.delete_subdev = NULL;
    if (mqtt_init_instance(mqtt.productKey, mqtt.deviceName, mqtt.deviceSecret,
mqtt.max_msg_size) < 0) {
                                       /* 初始化并建立 MQTT 连接 */
        LOG("mqtt_init_instance failed\n");
        return - 1;
    }
    aos_register_event_filter(EV_SYS,  mqtt_service_event, NULL);
    /* 监听 MQTT 服务事件 */
    return 0;
}
```

图 7-8 mqtt_client_example()函数代码

(4)static void mqtt_service_event(input_event_t * event, void * priv_data)。

该函数为 MQTT 例程中事件触发后调用的函数,其代码如图 7-9 所示,主要功能为进行事件合法性检查以及调用 mqtt_work()主函数。

```
static void mqtt_service_event(input_event_t * event, void * priv_data) {
    if (event - >type ! = EV_SYS) {
        return;
    }
    if (event - >code ! = CODE_SYS_ON_MQTT_READ) {
        return;
    }
    LOG("mqtt_service_event!");      /* 输出 LOG 信息 */
    mqtt_work(NULL);                 /* 调用本次例程的主要函数 mqtt_work(); */
}
```

图 7-9 mqtt_service_event()函数代码

(5)static void mqtt_work(void * parms)。

mqtt_work()函数是本次 MQTT 例程中的 MQTT 上云发送数据函数,其代码如图 7-10 所示。该函数所实现的主要功能是:

①订阅相关 Topic。

②向指定 Topic 循环发送自定义数据。该函数中发送的自定义数据为自身模拟的温度数据,该温度数据随着循环次数的增加而不断增加,循环两百次后终止发送数据。如果需要发送自定义的数据,可以将要发送到云端的数据内容修改为自定义数据。

```
static void mqtt_work (void * parms) {
    int rc = -1;
    if(is_subscribed == 0) {    /* 订阅 Topic 标记,初始化为 0 */
        /* Subscribe the specific topic *//* 订阅 GET Topic */
        rc = mqtt_subscribe(TOPIC_GET, mqtt_sub_callback, NULL);
        if (rc<0) {
            LOG("IOT_MQTT_Subscribe() failed, rc = %d", rc);
        }
        is_subscribed = 1;      /* 置位订阅标记 */
        aos_schedule_call(ota_init, NULL);
    }
#ifndef MQTT_PRESS_TEST
    else{                                   /* 已经订阅了 Topic */
        /* Generate topic message *//* 产生要发送的数据内容 */
        int msg_len = snprintf(msg_pub, sizeof(msg_pub), "{\"attr_name\":\"
            temperature\", \"attr_value\":\"%d\"}", cnt);
        if (msg_len < 0) {
            LOG("Error occur! Exit program"); }
        /* 发送预定数据到指定的 TOPIC */
        rc = mqtt_publish(TOPIC_UPDATE, IOTX_MQTT_QOS0, msg_pub, msg_len);
        /* 打印输出发送的 message */
        LOG("packet-id = %u, publish topic msg = %s", (uint32_t)rc, msg_pub);
    }
    cnt++;
    if(cnt < 200) {
        /* 每隔 3s 重新发送一次数据 */
        aos_post_delayed_action(3000, mqtt_work, NULL);
    } else { /* 发送超过两百次后,则取消订阅 Topic,清除订阅标记,释放存储区 */
        mqtt_unsubscribe(TOPIC_GET);
```

```
        aos_msleep(200);
        mqtt_deinit_instance();
        is_subscribed = 0;
        cnt = 0;
    }
#endif    }
```

图 7-10 mqtt_work()函数代码

7.4 实战步骤

7.4.1 设备创建

1. 注册账号

访问阿里云网站:https://www.aliyun.com,填写相关信息后完成用户注册并登录。进入全局导航→产品→物联网→物联网套件,并开通控制台进入如下界面(见图 7-11)。

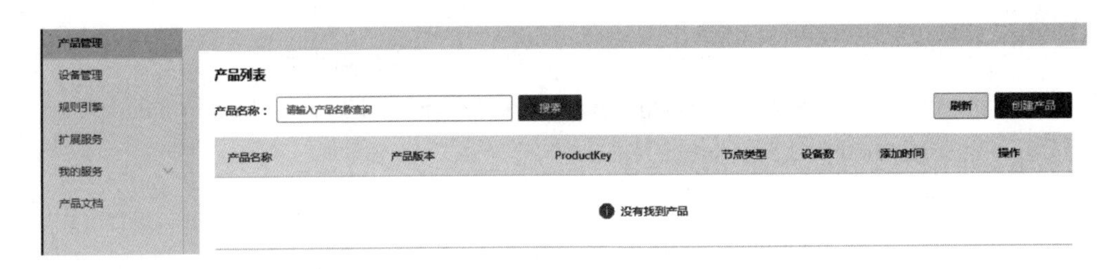

图 7-11 阿里云物联网控制台界面

2. 创建产品和设备

(1)单击“创建产品”,填写产品名称和产品描述。在本次例程中,产品名称为:AliOS_Things_test,详情如图 7-12 所示。

(2)单击“确定”后,新建的产品列表如图 7-13 所示,记录下对应的 Productkey。

(3)单击产品右端的“管理”→“设备管理”,选择“添加设备”,如图 7-14 所示。输入设备名称,在本例程中设备名称为 Alios_Things_device。

(4)单击“确定”后可以看到 AliOS_Things_test 产品名下有一个 Alios_Things_device 的设备(见图 7-15)。

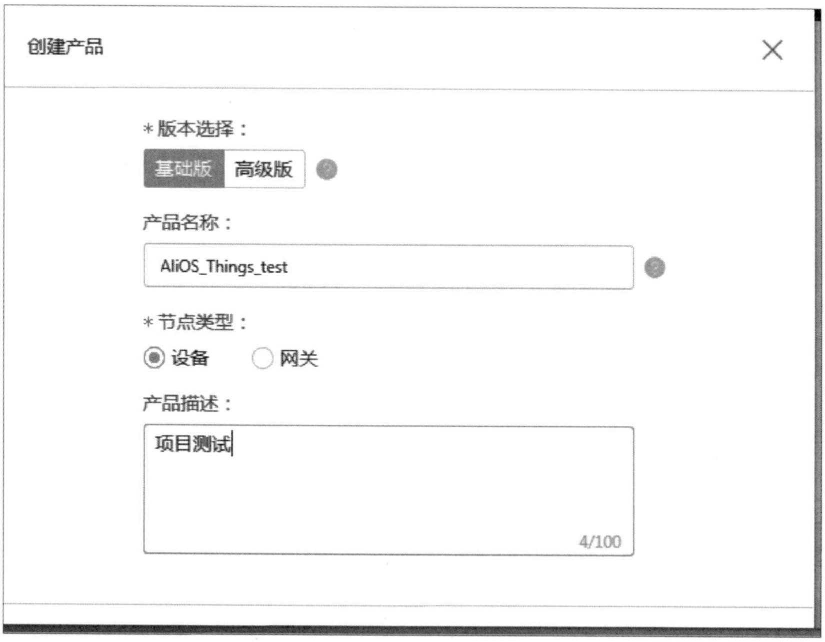

创建产品
＊版本选择：
基础版
高级版
产品名称：
AliOS_Things_test
＊节点类型：
设备
网关
产品描述：
项目测试
4/100

图 7-12　创建产品和设备

产品列表
产品名称：
搜索
刷新
创建产品
产品名称
产品版本
ProductKey
节点类型
设备数
添加时间
操作
AliOS_Things_test
基础版
a1K20d2c6h5
设备
0
2018/07/19 10:09:39
查看 删除

图 7-13　新建产品列表

添加设备
特别说明：deviceName可以为空,当为空时,阿里云会颁发全局唯一标识符作为deviceName。
产品：
AliOS_Things_test
DeviceName：
Alios_Things_device
确认
取消

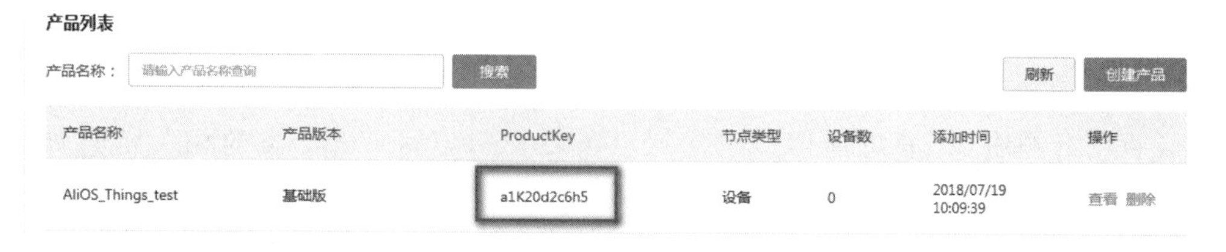

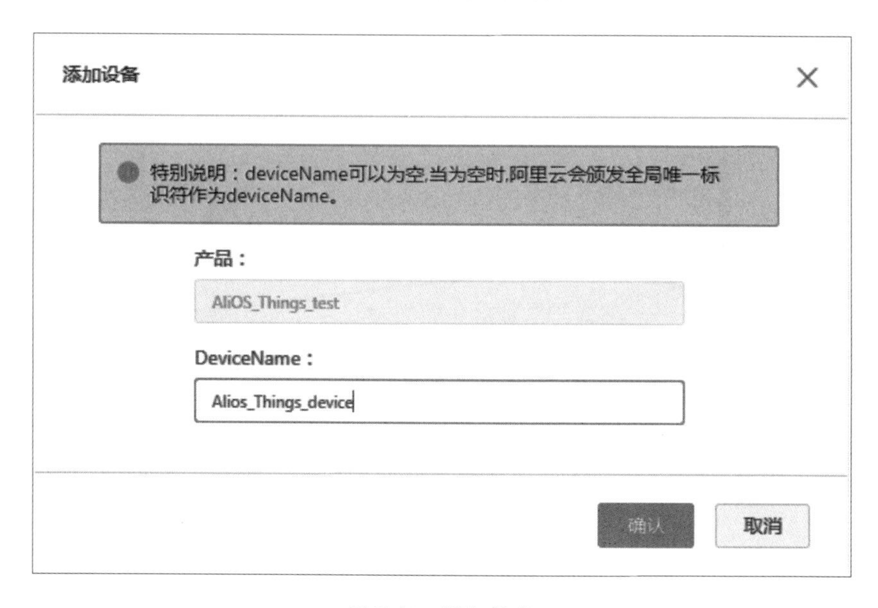

图 7-14　添加设备

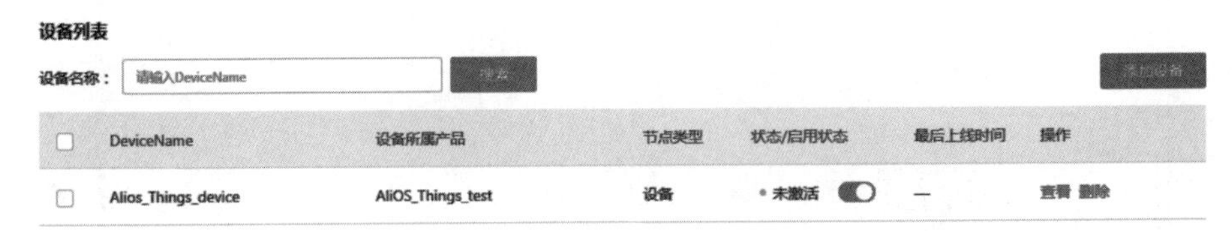

图 7-15　添加设备列表图

(5)点击 Alios_Things_device,可以看到该设备的详细属性信息。记录下对应的 ProductKey:******;设备名称(DeviceName:******;DeviceSecret:******),如图 7-16 所示。

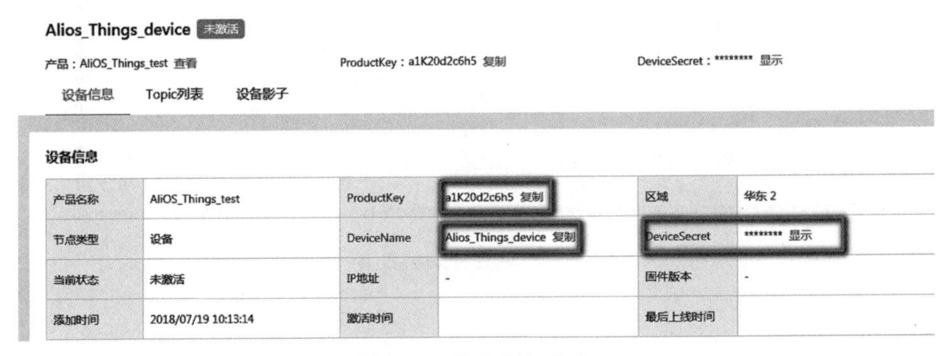

图 7-16　设备详细信息

(6)点击侧边栏“消息通信”→“定义 Topic 类”,填写 Topic 类的相关信息如图 7-17 所示。

图 7-17　Topic 类的相关信息

(7)单击“确定”，可以看到设备共有四个 Topic，如图 7-18 所示。

Topic类	操作权限	描述	操作
/a1K20d2c6h5/${deviceName}/data	发布和订阅		编辑 删除
/a1K20d2c6h5/${deviceName}/update	发布		编辑 删除
/a1K20d2c6h5/${deviceName}/update/error	发布		编辑 删除
/a1K20d2c6h5/${deviceName}/get	订阅		编辑 删除

图 7-18　四个 Topic 信息

其中，发布是指设备具有向 IoT 套件发送消息的权限；订阅是指设备不具有向 IoT 套件发布消息的权限，但是可以订阅该 Topic 从而获取 IoT 套件下发的消息。至此，在阿里云 IoT 套件端的设备创建完成。

7.4.2　新建工程

经过前面的例程学习，相信大家已经下载了 AliOS Things 文件，并且掌握了开发板的连接与使用，所以这里不再赘述，接下来将直接开始新建 IoT 上传数据工程。

(1)打开 Visual Studio Code，点击“文件”→“打开文件夹”(或者直接按下组合键 Ctrl+O)，打开已经下载的 AliOS Things。打开以后的工程界面如图 7-19 所示。

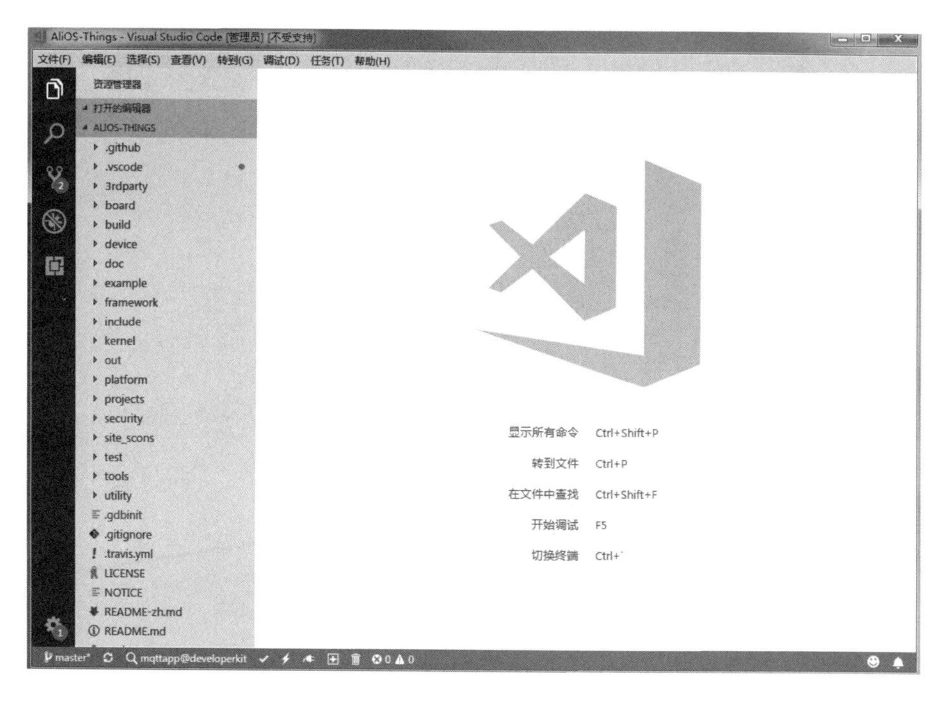

图 7-19　工程界面图

(2)单击工程界面左下角，选择此次的例程为 MQTT 例程，开发板选择为

"DeveloperKit"开发板,具体操作如图 7-20 至图 7-22 所示。

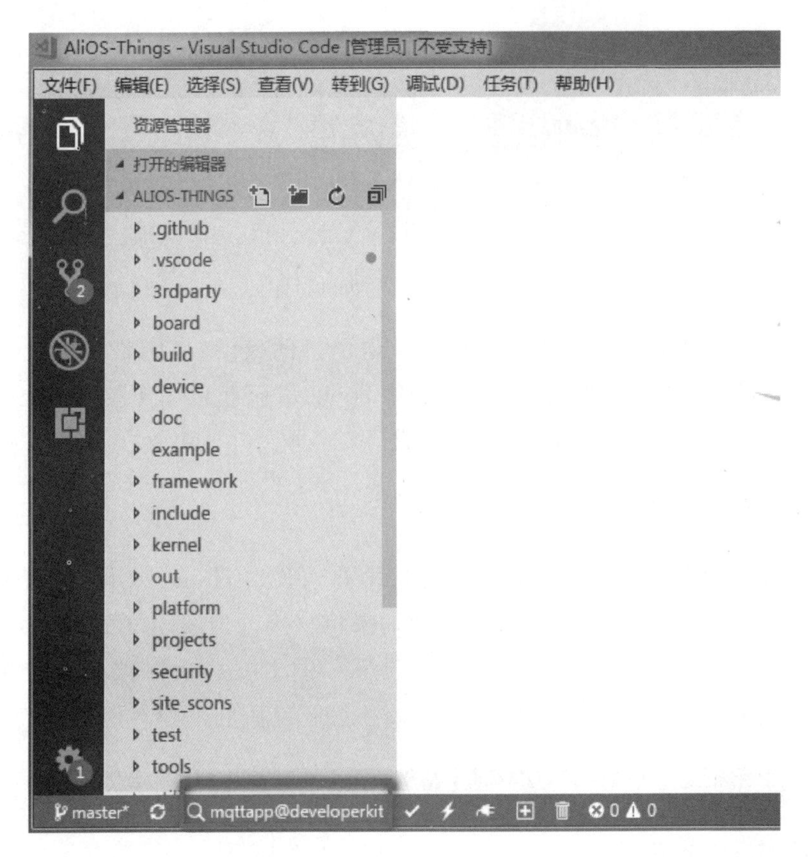

图 7-20　工程界面打开过程(1)

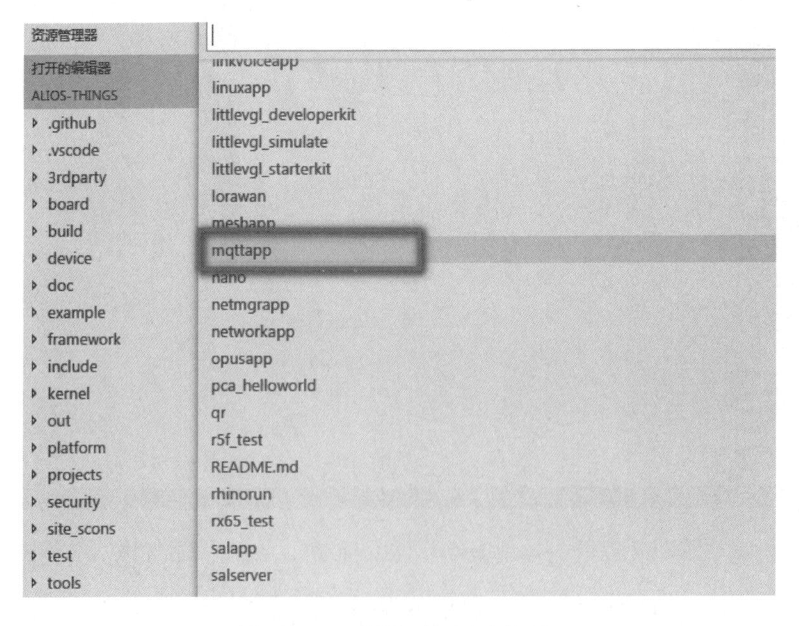

图 7-21　工程界面打开过程(2)

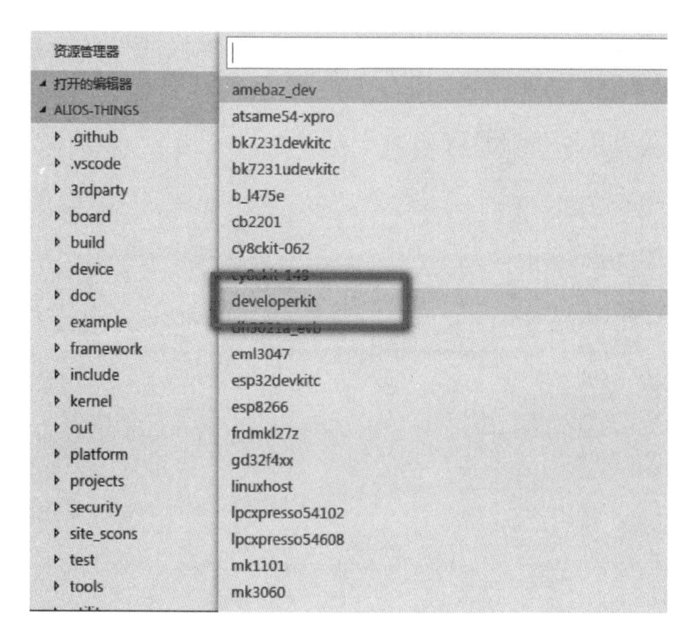

图 7-22　工程界面打开过程(3)

(3)项目新建完成后如图 7-23 所示。

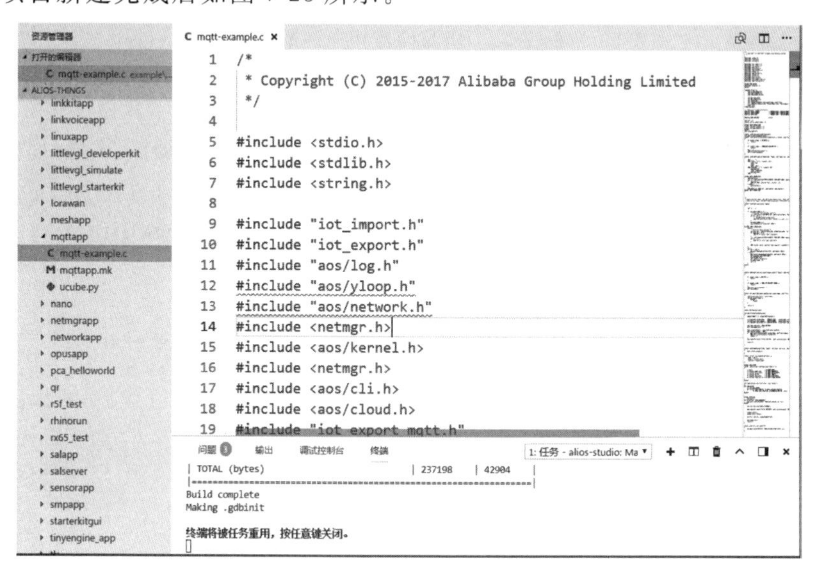

图 7-23　项目新建完成后的界面

7.4.3　修改参数

1. 修改设备相关参数

打开新建 MQTT 工程的 mqtt-example. c 文件，将其中设备相关信息修改为前面 7.4.1 中添加的设备信息。PRODUCT_KEY、DEVICE_NAME、DEVICE_SECRET 这三个参数是保证设备和 IoT 平台间可靠通信的唯一标识，所以这三个参数必须保证与建立设备时的信息相同，Topic 信息也要保证与平台端的 Topic 保持一致，因为设备在发送与接收消息时都要带有 Topic 信息，不一致的话可能会导致数据通信发生错误。具体参数修改如图 7-24 所示。

```
C mqtt-example.c ×
36      #define DEVICE_NAME             "00AAAAAABBBBBB4B645F5800"
37      #define DEVICE_SECRET           "v9mqGzepKEphLhXmAoiaUIR2HZ7XwTky"
38  #else
39      #define PRODUCT_KEY             "a1K20d2c6h5"
40      #define DEVICE_NAME             "Alios_Things_device"
41      #define DEVICE_SECRET           "2gGt92Ooi6ZG3iLvO59TAKRnVJ10EU2O"
42  #endif
43
44
45  typedef struct {
46      char productKey[16];
47      char deviceName[32];
48      char deviceSecret[48];
49
50      int max_msg_size;
51      int max_msgq_size;
52      int connected;
53      int (*event_handler)(int event_type, void *ctx);
54      int (*delete_subdev)(char *productKey, char *deviceName, void *ctx);
55      void *ctx;
56  } MqttContext;
57
58  // These are pre-defined topics
59  #define TOPIC_UPDATE            "/"PRODUCT_KEY"/"DEVICE_NAME"/update"
60  #define TOPIC_ERROR             "/"PRODUCT_KEY"/"DEVICE_NAME"/update/error"
61  #define TOPIC_GET               "/"PRODUCT_KEY"/"DEVICE_NAME"/get"
62  #define TOPIC_DATA              "/"PRODUCT_KEY"/"DEVICE_NAME"/data"
```

图 7-24　修改设备相关参数

2. 修改 Wi-Fi 相关参数

因为 AliOS Things 开发板 Developer Kits 通过 Wi-Fi 连接网络，所以需要在代码中提供 Wi-Fi 的 SSID 和密码。打开 MQTT 工程目录下 framework\netmgr\netmgr.c 文件，将其中的 DEMO_AP_SSID 和 DEMO_AP_PASSWORD 修改为所在地方的 Wi-Fi 名称和密码，详情如图 7-25 所示。

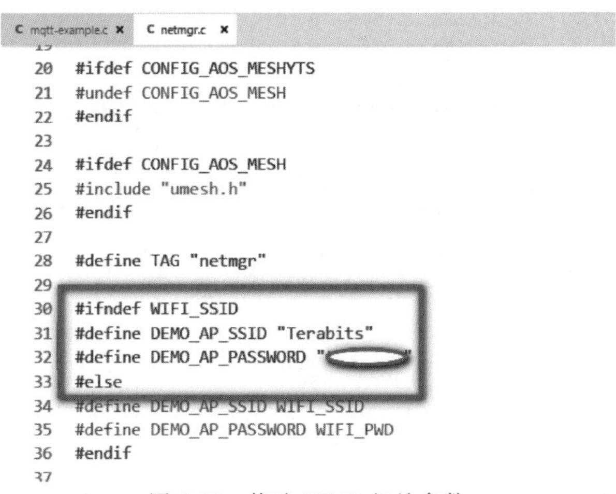

C mqtt-example.c × C netmgr.c ×
20 #ifdef CONFIG_AOS_MESHYTS
21 #undef CONFIG_AOS_MESH
22 #endif
23
24 #ifdef CONFIG_AOS_MESH
25 #include "umesh.h"
26 #endif
27
28 #define TAG "netmgr"
29
30 #ifndef WIFI_SSID
31 #define DEMO_AP_SSID "Terabits"
32 #define DEMO_AP_PASSWORD "
33 #else
34 #define DEMO_AP_SSID WIFI_SSID
35 #define DEMO_AP_PASSWORD WIFI_PWD
36 #endif

图 7-25　修改 Wi-Fi 相关参数

至此参数修改完成。

7.4.4　工程编译与下载

1. 工程编译

如图 7-26 所示,点击 Visual Studio Code 状态栏中的编译按钮,编译程序。

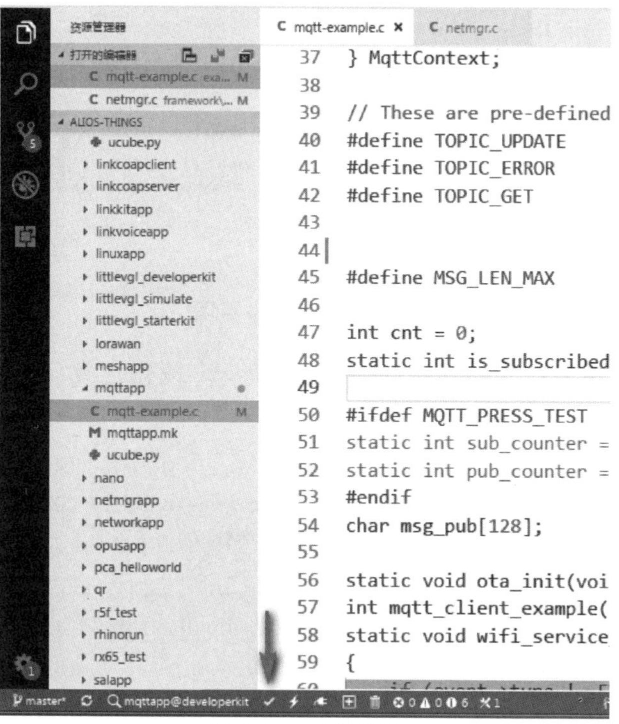

图 7-26　工程编译

编译时,在 alios studio 的输出中可以看到编译的详细 log。编译成功时可以在 alios studio 的输出栏看到如图 7-27 所示输出。

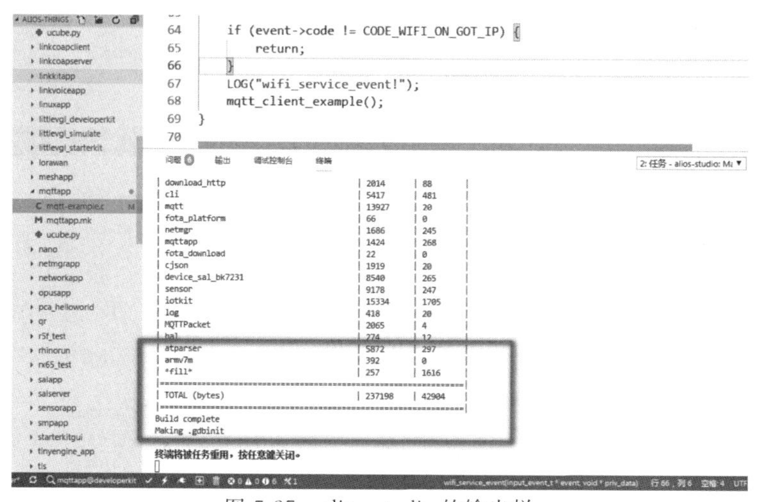

图 7-27　alios studio 的输出栏

2. 设备连接

单击状态栏中的“Connect Device”按钮可以连接设备，串口可以在计算机→属性→设备管理→端口，找到 USB Serial Port 端口，如图 7-28 所示。

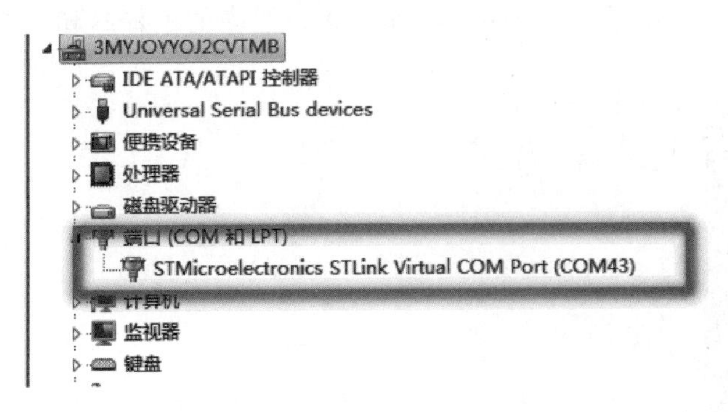

图 7-28 设备管理器

单击图 7-29 所示状态栏中的“Connect Device”按钮连接设备，并输入串口号与波特率。

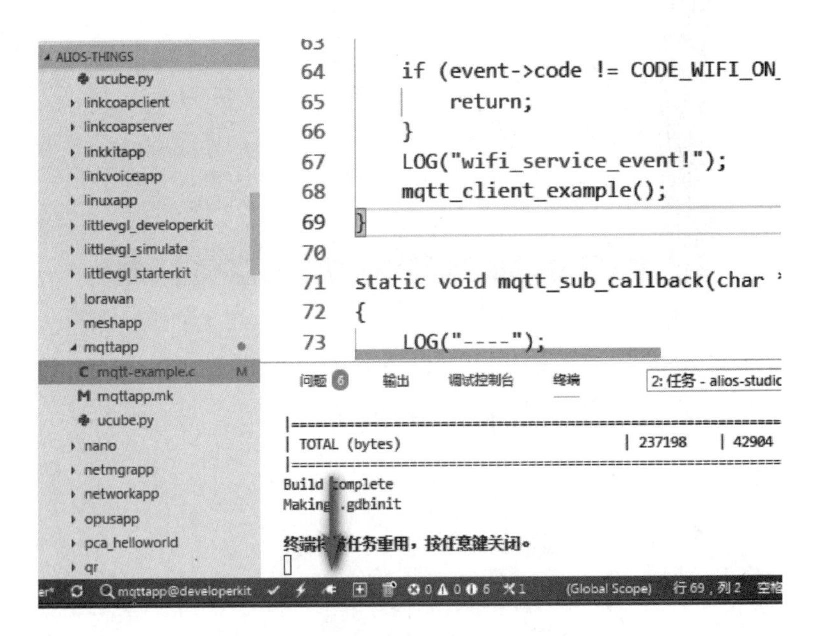

图 7-29 设备连接

3. 工程下载

当编译完成后，在确保设备和电脑连接无误且可以通过 Visual Studio Code 与设备建立连接的情况下，单击“烧录”按钮(见图 7-30)。

在烧录的过程中，终端界面会有进度日志产生，烧录完成后的界面如图 7-31 所示。

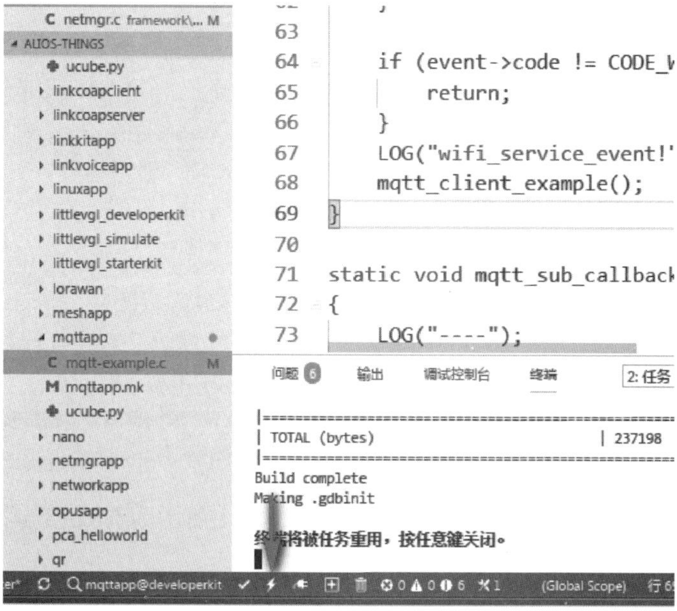

图 7-30　程序烧录

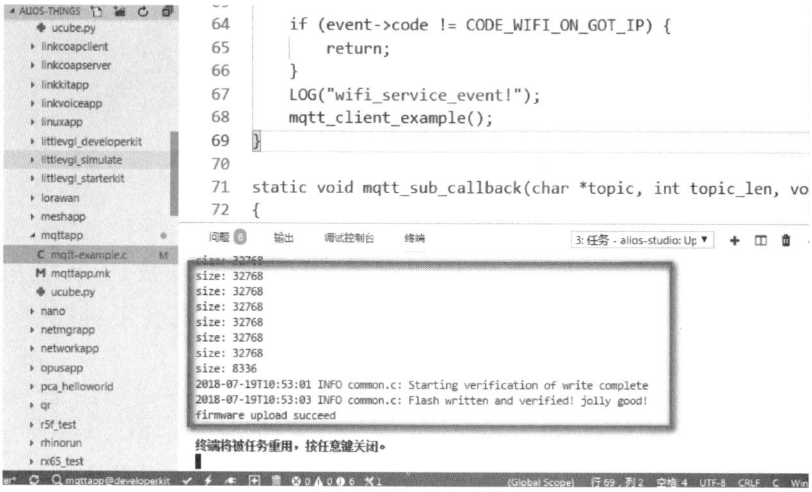

图 7-31　烧录完成后界面

7.5　实战成果

经过前面部分的操作,相应的 mqttapp 已经正常烧录到 AliOS Things 开发板 Developer Kits 中。启动串口并通过命令行使得 Wi-Fi 模组能正确连接到对应的 AP,即在 Visual Studio Code 的终端下输入 netmgr connect WIFINAME WIFIPASSWORD (Wi-Fi 名称以及 Wi-Fi 密码)联网指令,如图 7-32 所示。

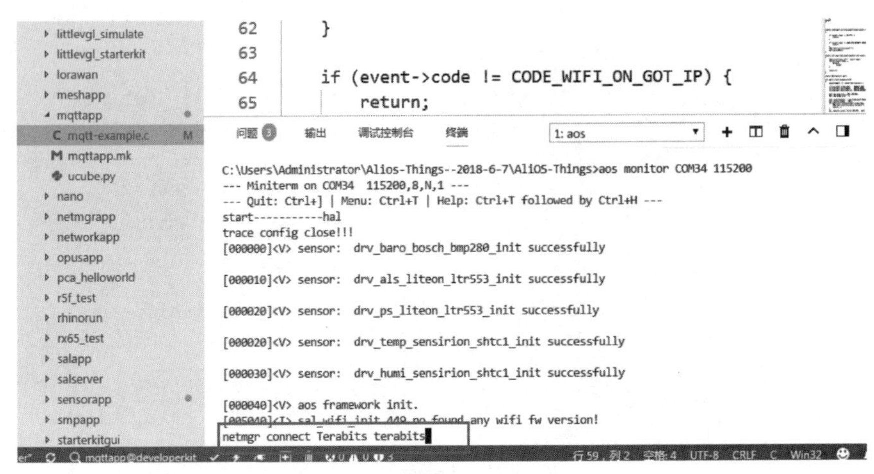

littlevgl_simulate
littlevgl_starterkit
lorawan
meshapp
mqttapp
mqtt-example.c
mqttapp.mk
ucube.py
nano
netmgrapp
networkapp
opusapp
pca_helloworld
r5f_test
rhinorun
rx65_test
salapp
salserver
sensorapp
smpapp
starterkitgui
62 }
63
64 if (event->code != CODE_WIFI_ON_GOT_IP) {
65 return;
问题 输出 调试控制台 终端
1: aos
C:\Users\Administrator\Alios-Things--2018-6-7\AliOS-Things>aos monitor COM34 115200
--- Miniterm on COM34 115200,8,N,1 ---
--- Quit: Ctrl+] | Menu: Ctrl+T | Help: Ctrl+T followed by Ctrl+H ---
start-----------hal
trace config close!!!
[000000]<V> sensor: drv_baro_bosch_bmp280_init successfully
[000010]<V> sensor: drv_als_liteon_ltr553_init successfully
[000020]<V> sensor: drv_ps_liteon_ltr553_init successfully
[000020]<V> sensor: drv_temp_sensirion_shtc1_init successfully
[000030]<V> sensor: drv_humi_sensirion_shtc1_init successfully
[000040]<V> aos framework init.
any wifi fw version!
netmgr connect Terabits terabits

图 7-32 设置 Wi-Fi 联网指令

正常联网后，mqttapp 会真正开始运行。如图 7-33 所示为 MQTT 运行日志截图。

```
问题 3  输出  调试控制台  终端                    4: 任务 - alios-studio: S

[006870]<V> wifi_service_event!
[inf] iotx_device_info_init(40): device_info created successfully!
[dbg] iotx_device_info_set(50): start to set device info!
[dbg] iotx_device_info_set(64): device_info set successfully!
[dbg] guider_print_dev_guider_info(248): ..................................................
[dbg] guider_print_dev_guider_info(249):          ProductKey : a1K20d2c6h5
[dbg] guider_print_dev_guider_info(250):          DeviceName : Alios_Things_device
[dbg] guider_print_dev_guider_info(251):            DeviceID : a1K20d2c6h5.Alios_Things_device
[dbg] guider_print_dev_guider_info(253): ..................................................
[dbg] guider_print_dev_guider_info(254):       PartnerID Buf : ,partner_id=AliOSThings
[dbg] guider_print_dev_guider_info(255):        ModuleID Buf : ,module_id=GeneralID
[dbg] guider_print_dev_guider_info(256):          Guider URL :
[dbg] guider_print_dev_guider_info(258):      Guider SecMode : 2 (TLS + Direct)
[dbg] guider_print_dev_guider_info(260):    Guider Timestamp : 2524608000000
[dbg] guider_print_dev_guider_info(261): ..................................................
```

图 7-33 MQTT 运行日志

联网成功以后，程序会在每一个循环中上报自定义温度数据，且上报的 Topic 为 TOPIC_UPDATE，由 IoT 平台的控制台可知，该 Topic 具有发布权限，具体产生的日志截图如图 7-34 所示。

```
问题 3  输出  调试控制台  终端                    4: 任务 - alios-studio: S
[017200]<V> packet-id=0, publish topic msg={"attr_name":"temperature", "attr_value":"3"}
[020210]<V> packet-id=0, publish topic msg={"attr_name":"temperature", "attr_value":"4"}
[023210]<V> packet-id=0, publish topic msg={"attr_name":"temperature", "attr_value":"5"}
[026210]<V> packet-id=0, publish topic msg={"attr_name":"temperature", "attr_value":"6"}
[029220]<V> packet-id=0, publish topic msg={"attr_name":"temperature", "attr_value":"7"}
[032220]<V> packet-id=0, publish topic msg={"attr_name":"temperature", "attr_value":"8"}
[035220]<V> packet-id=0, publish topic msg={"attr_name":"temperature", "attr_value":"9"}
[038230]<V> packet-id=0, publish topic msg={"attr_name":"temperature", "attr_value":"10"}
[041230]<V> packet-id=0, publish topic msg={"attr_name":"temperature", "attr_value":"11"}
[044230]<V> packet-id=0, publish topic msg={"attr_name":"temperature", "attr_value":"12"}
[047240]<V> packet-id=0, publish topic msg={"attr_name":"temperature", "attr_value":"13"}
[050240]<V> packet-id=0, publish topic msg={"attr_name":"temperature", "attr_value":"14"}
[053240]<V> packet-id=0, publish topic msg={"attr_name":"temperature", "attr_value":"15"}
[056250]<V> packet-id=0, publish topic msg={"attr_name":"temperature", "attr_value":"16"}
[059250]<V> packet-id=0, publish topic msg={"attr_name":"temperature", "attr_value":"17"}
[062250]<V> packet-id=0, publish topic msg={"attr_name":"temperature", "attr_value":"18"}
[065260]<V> packet-id=0, publish topic msg={"attr_name":"temperature", "attr_value":"19"}
[068260]<V> packet-id=0, publish topic msg={"attr_name":"temperature", "attr_value":"20"}
```

图 7-34 Topic 发布日志

进一步在云端查询到设备相关的日志信息，如图 7-35 所示。

设备行为分析　上行消息分析　下行消息分析

请输入DeviceName　1小时　2018-07-19 11:38:14 - 2018-07-19 12:38:14　收起　搜索

请输入MessageId　全部状态

时间	MessageID	deviceName	内容(全部)	状态以及原因分析
2018/07/19 12:38:14	1019803575280209920	Alios_Things_device	Publish message to topic:/a1K20d2...	成功
2018/07/19 12:38:11	1019803563221598211	Alios_Things_device	Publish message to topic:/a1K20d2...	成功
2018/07/19 12:38:08	1019803550244429824	Alios_Things_device	Publish message to topic:/a1K20d2...	成功
2018/07/19 12:38:05	1019803537560858624	Alios_Things_device	Publish message to topic:/a1K20d2...	成功
2018/07/19 12:38:02	1019803525137313792	Alios_Things_device	Publish message to topic:/a1K20d2...	成功

图 7-35　云端设备日志

IoT 平台同样可以向设备发送指令，具体过程如下：

(1)进入控制单点击“设备管理”→“查看”→“Topic 列表”，如图 7-36 所示。

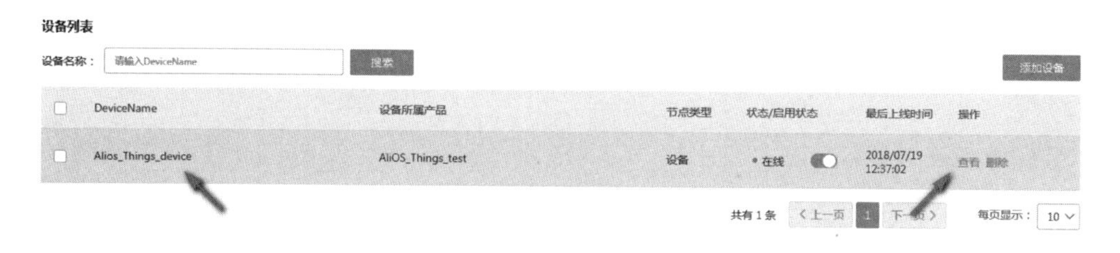

图 7-36　云端 Topic 列表图

(2)单击 get Topic 栏的“发布消息”按钮，如图 7-37 所示。

设备的Topic列表

设备的Topic	设备具有的权限	发布消息数	操作
/a1K20d2c6h5/Alios_Things_device/data	发布和订阅	94	发布消息
/a1K20d2c6h5/Alios_Things_device/update	发布	0	发布消息
/a1K20d2c6h5/Alios_Things_device/update/error	发布	0	发布消息
/a1K20d2c6h5/Alios_Things_device/get	订阅	0	发布消息

图 7-37　发布消息链接

此处，我们简单做一个下发信息的测试，终端并不会对此信息进行处理等操作。发布消息测试的界面如图 7-38 所示。

通过开发板 Developer Kits 上串口打印调试信息，可以实现对代码的跟踪与验证，如图 7-39 所示。至此，MQTT 例程全部功能验证结束。

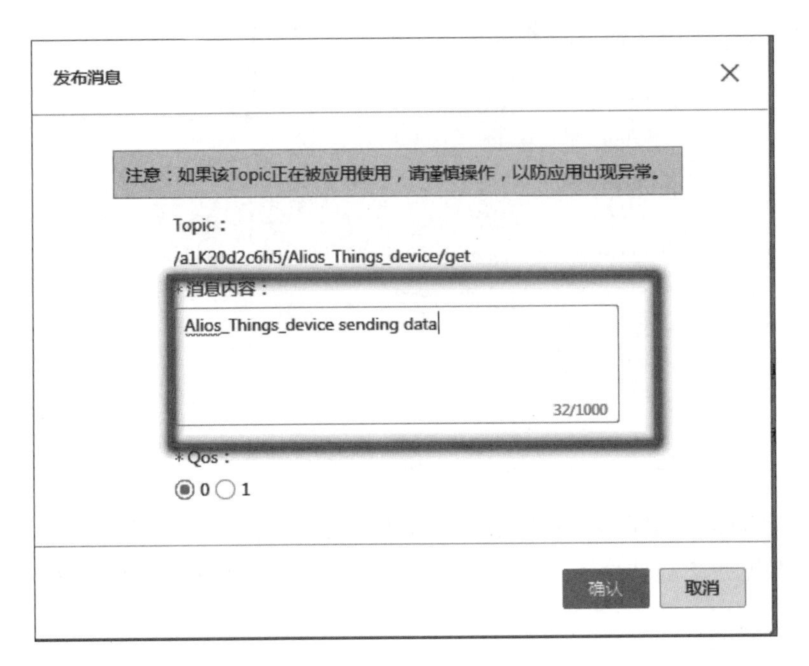

图 7-38　发布消息测试

```
问题 3   输出   调试控制台   终端                4: 任务 - alios-studio: S
[386670]<V> packet-id=0, publish topic msg={"attr_name":"temperature", "attr_value":"126"}
[389680]<V> packet-id=0, publish topic msg={"attr_name":"temperature", "attr_value":"127"}
[392680]<V> packet-id=0, publish topic msg={"attr_name":"temperature", "attr_value":"128"}
[395680]<V> packet-id=0, publish topic msg={"attr_name":"temperature", "attr_value":"129"}
[398690]<V> packet-id=0, publish topic msg={"attr_name":"temperature", "attr_value":"130"}
[401690]<V> packet-id=0, publish topic msg={"attr_name":"temperature", "attr_value":"131"}
[404690]<V> packet-id=0, publish topic msg={"attr_name":"temperature", "attr_value":"132"}
[407700]<V> packet-id=0, publish topic msg={"attr_name":"temperature", "attr_value":"133"}
[dbg] iotx_mc_cycle(1288): PUBLISH
[dbg] iotx_mc_handle_recv_PUBLISH(1122): delivering msg ...
[dbg] iotx_mc_deliver_message(877): topic be matched
[408950]<V> ----
[408950]<V> Topic: '/a1K20d2c6h5/Alios_Things_device/get' (Length: 36)
[408960]<V> Payload: 'Alios_Things_device sending data' (Length: 32)
[408970]<V> ----
[410700]<V> packet-id=0, publish topic msg={"attr_name":"temperature", "attr_value":"134"}
[413700]<V> packet-id=0, publish topic msg={"attr_name":"temperature", "attr_value":"135"}
[416710]<V> packet-id=0, publish topic msg={"attr_name":"temperature", "attr_value":"136"}
[419710]<V> packet-id=0, publish topic msg={"attr_name":"temperature", "attr_value":"137"}
```

图 7-39　打印串口调试信息

第8章　实践例程三:uData框架数据读取

8.1　实践内容与软、硬件准备

uData框架的设计思想是基于传统sensor hub概念,结合IoT的业务场景和AliOS Things物联网操作系统特点设计而成的一个面对IoT的感知设备处理框架。uData的主要目的是解决IoT端侧设备传感器接口访问开发的周期长、应用算法缺少和无云端数据一体化等痛点问题。在本实践例程中,我们主要学习并掌握uData设计框架及其优势所在,利用uData框架实现对AliOS Things开发板Developer Kits上的一些板载传感器的信息读取,并构建出uData对外服务的接口以供外部进行信息调用。对于其他开发板的支持例程请参考官方GitHub源码。AliOS Things官方GitHub源码地址为:https://github.com/alibaba/AliOS－Things。实践过程中需要准备的软、硬件如下。

(1)硬件准备:

- AliOS Things开发板Developer Kits一块;
- 带有Windows 7操作系统的PC机一台;
- Micro USB连接线。

(2)软件环境:

- 安装有alios studio插件的Visual Studio Code;
- ST-Link驱动程序;
- 串口调试助手:serial_port_utility;
- 串口驱动程序安装:驱动软件为ch341_driver.exe。

8.2　uData框架移植

uData主要分Kernel和Framework两层,Kernel层主要是负责传感器(device)驱动和相关的静态校准,如轴向校准等;Framework层在Kernel层之上,其在拿到Kernel层具体传感器的数据后,主要负责应用服务管理、动态校准管理和对外模块接口等。本节第一部分介绍如何在现有的 AliOS Things 物联网操作系统上移植 uData 软件框架,第二部分介绍传感器驱动程序的开发。

本章例程所使用的开发板为 Developer Kits 开发板,该开发板已经实现了 uData 软件框架的移植,如果使用其他开发板运行此例程,自行移植 uData 软件框架并进行传感器驱动程序的开发,本节将具体介绍 uData 移植的相关步骤。

8.2.1 uData 软件框架及移植

如图 8-1 所示为 uData 相关文件夹组织图。uData 框架在 framework 和 device 下面有两部分的软件框架,分别是 uData 和 sensor。

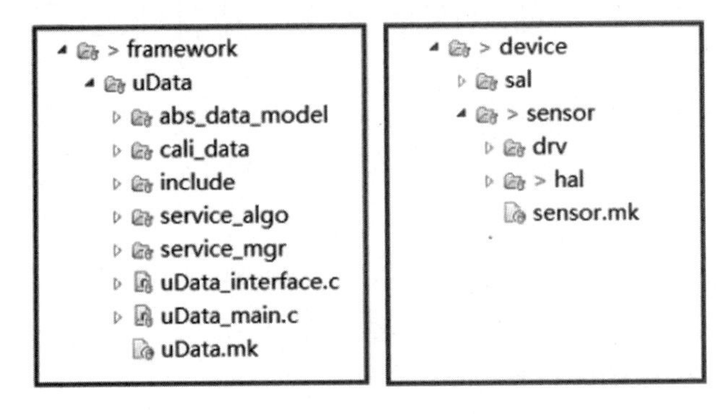

图 8-1 uData 相关文件夹组织图

1. uData 框架之 kernel 层 sensor 移植

(1)将准备好的 sensor 文件包(如果是一个新的 sensor,需要首先完成该 sensor 文件包的移植,参见 8.2.2)全部添加到 device 目录下,可参考图 8-1 右侧部分的 device 文件目录结构图。

(2)请在当前硬件平台芯片的 mk 中加入 sensor 的编译信息。一般此 mk 文件位于 platform\mcu\,比如当前的硬件平台是基于 STM L4 系列芯片的,可以按照图 8-2 实例配置 sensor 信息。具体操作:打开图 8-2 中"stm32l4xx.mk"文件,把其中的

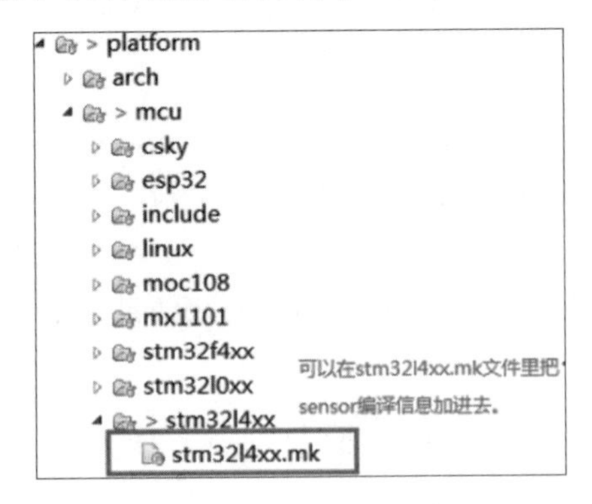

图 8-2 配置 sensor 信息的文件夹结构示例

“$(NAME)_COMPONENTS+=device/sensor”信息加入到当前的平台 mk 文件里,请注意大小写。

(3)请把图 8-1 右侧部分的 sensor 文件夹下 device\sensor\hal\sensor_hal.c 文件中的 sensor_init()添加到 aos_init.c 的 aos_kernel_init(kinit_t * kinit)中。这里需要注意的是,请把 sensor_init()添加在 kernel 组件初始化结束之后,比如 ota_service_init()之后。具体添加方式如图 8-3 所示。

```
/* 此宏定义在 sensor.mk 文件中 */
#ifdef AOS_SENSOR
    sensor_init();
#endif
```

图 8-3 sensor_init()函数添加方式

2. uData 框架之 framework 层 uData 移植

(1)请将图 8-1 左侧部分的 uData 文件包全部添加到 famework 目录下。

(2)请将uData_main.c 文件中的 uData_main()函数添加到当前平台 framework 的 aos_framework_init()函数中。具体添加方式如图 8-4 所示。

```
/* 此宏定义在 uData.mk 文件中定义 */
#ifdef AOS_UDATA
    uData_main();
#endif
```

图 8-4 uData_main()函数添加方式

(3)请将 uData 组件(即图 8-1 左侧部分 uData 文件包)添加到所开发 app 的 mk 文件里,确保 uData 组件可以被编译使用到,可以参考 example\uDataapp 示例。例如,现在需要开发一个基于 uData 的 app,请在该 app 的 mk 文件里加入此 uData 组件信息,具体可以参考图 8-5。

```
/* 请在 app 的 mk 文件里加入此模块信息 */
$(NAME)_COMPONENTS := uData
```

图 8-5 uData 组件信息添加方式

下面介绍 uData 的编译过程。编译过程使用“aos make ###app@###”这一命令格式。这一命令格式的意义是,前面的###是输入所开发的 app 名字,后面的###是当前的平台信息。比如,aos make uDataapp@b_l475e,表示在b_l475e

平台下编译 uDataapp。编译成功之后，可以在输出的信息中查看 sensor、uData 和所开发的组件名字，如图 8-6 所示。

图 8-6　uData 编译完成后查看信息

8.2.2　uData 传感器驱动程序的开发和移植

驱动层的目录结构如图 8-7 所示。

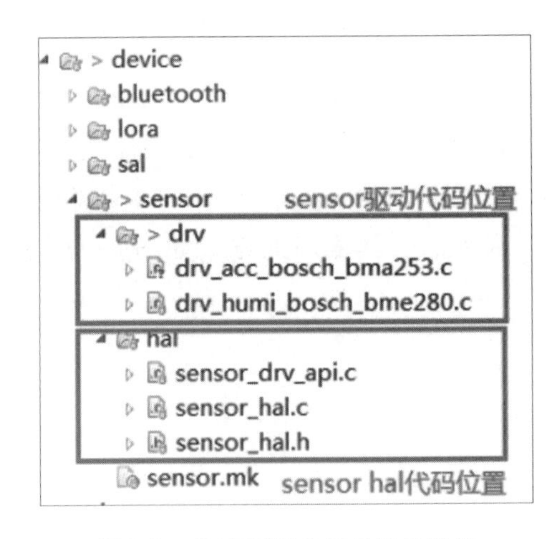

图 8-7　传感器驱动层的目录结构

为了代码的可读性，对文件命名和函数命名，上述文件包都提供了一个很好的范例。从图 8-7 中可以看出，推荐的文件命名格式为：drv_参数 1_参数 2_参数 3.c，其中，每个参数建议命名意义如下：

参数 1(设备类型)：比如 accel，gyro，mag，als，rgb，proximity，humi，temp，uv，baro 等。

参数 2(设备厂商)：比如 bosch 等。

参数 3(设备型号)：比如 bma253，bme280 等。

举例如下，如果开发一个 Bosch 厂商的型号为 bme280 的湿度计(humi)驱动，推荐文件命名为：drv_humi_bosch_bme280.c。

相应文件中的函数命名格式推荐如下：drv_参数 1_参数 2_参数 3_参数 4(...)

参数 1(设备类型)：比如 humi 等。

参数 2(设备厂商)：比如 bosch 等

参数 3(设备型号)：比如 bme280 等。

参数 4(功能描述)：比如 setpowr,init 等。

举例如下：一个 Bosch 厂商的型号为 bme280 的湿度计(humi)驱动开发初始化函数，推荐函数命名为：drv_humi_bosch_bme280_init(void)。

每一个传感器驱动程序都是以一个 sensor_obj_t 对象来实现的，也就是说，需要对这个对象的每个成员进行实现，该对象定义在 I²C 总线设备驱动程序对应的头文件中。整个驱动程序主要分为三部分：I/O 总线配置、接口函数实现、初始化函数和编译配置。下面以一个 I²C 总线传感器设备的移植进行介绍。

sensor_obj_t 对象的定义如图 8-8 所示。

```
struct _sensor_obj_t {
char *                    path;    /* 设备节点路径 */
sensor_tag_e              tag;     /* 设备类型 */
dev_io_port_e             io_port;/* 使用的 I/O 总线类型 */
work_mode_e               mode;    /* 设备的工作模式 */
dev_power_mode_e          power;   /* 设备电源状态 */
gpio_dev_t                gpio;    /* 中断工作模式下的中断配置信息 */
dev_sensor_full_info_t    info;    /* 设备信息 */
i2c_dev_t *               bus;     /* I2C 总线的信息,比如 I2C 地址 */
int ( * open)(void);               /* 接口函数:打开设备,暂时只需 power on 即可 */
int ( * close)(void);              /* 接口函数:关闭设备,暂时只需 power off 即可 */
int ( * read)(void * , size_t);    /* 接口函数:读设备数据操作 */
int ( * write)(const void * buf, size_t len); /* 接口函数:写设备操作,暂不使用 */
int ( * ioctl)(int cmd, unsigned long arg);   /* 接口函数:ioctl 配置 */
void( * irq_handle)(void);         /* 接口函数:中断服务程序,在中断模式下才需要 */
}
```

图 8-8　sensor_obj_t 对象的定义

I/O 总线配置

该传感器为 I²C 总线接口，所以需要在该传感器驱动程序对应的头文件中定义一个名为 i2c-dev_t 的全局变量，并配置其中的设备 I²C 地址，如图 8-9 所示。

```
i2c_dev_t  ####_ctx = {
    .config.dev_addr = 0x5D, /* 从设备 I²C 地址 */
};
```

图 8-9　I²C 总线配置示例

接口函数实现

所有的外设驱动都是以 VFS 形式来读写操作的，所以每一个驱动按需实现必要的接口函数，具体的接口函数如图 8-10 所示。

```
int (*open)(void);
int (*close)(void);
int (*read)(void *, size_t);
int (*write)(const void *buf, size_t len);
int (*ioctl)(int cmd, unsigned long arg);
void(*irq_handle)(void);
```

图 8-10　接口函数设置

设备初始化 init 函数实现

初始化主要是实现对 sensor_ojb_t 的初始化设置并把设备驱动注册到 sensor hal 层统一调度管理；另外，需要在初始化函数中实现对设备的默认参数配置、身份确定(validete id)，并让设备进入低功耗模式。具体请参考图 8-11 实例。

```
int drv_baro_st_lps22hb_init(void){
    /* fill the sensor obj parameters here */
    sensor.tag = TAG_DEV_HUMI;                       /* 传感器类型 */
    sensor.path = dev_humi_path;                     /* 打开设备路径 */
    sensor.io_port = I²C_PORT;                       /* 当前使用的总线端口类型 */
    sensor.open = drv_humi_bosch_bme280_open;        /* 打开设备接口函数 */
    sensor.close = drv_humi_bosch_bme280_close;/* 关闭设备接口函数 */
    sensor.read = drv_humi_bosch_bme280_read;        /* 读设备数据接口函数 */
    sensor.write = NULL;                             /* 暂不需要 */
    sensor.ioctl = drv_humi_bosch_bme280_ioctl;/* 配置设备接口函数 */
    sensor.irq_handle = NULL;                        /* 暂不需要,如为中断模式必须注册 */
    sensor.bus = &bme280_ctx;                        /* 总线配置信息,如从设备 I²C 地址 */
    /* 把设备驱动信息注册到 sensor hal,并创建分配一个设备节点给此设备 */
```

```
ret = sensor_create_obj(&sensor);
    if(unlikely(ret)){
        return -1;
}
```

图 8-11　设备初始化 init 函数实现

编译配置

(1)在 sensor.mk 文件中添加所要编译的驱动代码并定义其相关的宏定义。比如,需要为 Bosch bme280 湿度计添加编译配置,如图 8-12 所示。

```
$(NAME)\_SOURCES += \
    drv_sensor_sample.c \
    sensor_hal.c \
    sensor_drv_api.c \
    sensor_hw_config.c \
    sensor_static_cali.c \
    drv_humi_bosch_bme280.c   /* 请在最末处添加新的驱动代码 */
GLOBAL_INCLUDES += .
GLOBAL_DEFINES      += AOS_SENSOR
GLOBAL_DEFINES      += AOS_SENSOR_HUMI_BOSCH_BME280
                    /* 请为新的驱动程序定义一个宏,在编译配置时将会使用到 */
```

图 8-12　添加驱动代码并定义相关宏

(2)把所需要编译驱动的 init 函数添加到 sensor_hal.c 的 sensor_init()函数中,可参考图 8-13。

```
int sensor_init(void){
int ret   = 0;
int index = 0;
g_sensor_cnt = 0;
/* 请参考此格式添加 init 函数,初始化成功代表驱动已注册到 sensor hal 里 */
#ifdef AOS_SENSOR_HUMI_BOSCH_BME280
drv_humi_bosch_bme280_init();
#endif /* AOS_SENSOR_HUMI_BOSCH_BME280 */
ret = sensor_hal_register();
```

```
    if(ret ! = 0){
    return - 1;
}
return 0;
}
```

图 8-13　添加编译驱动的 init 函数

8.3　实战代码

因为在本次例程中代码较长，所以在这里只针对部分重要代码做解释。uData 设计之初是遵循分层解耦的模块化设计原则，其目的是让 uData 根据客户的不同业务和需求组件做移植适配。uData 目前主要有三大模块支撑整个架构，分别为应用服务管理模块、抽象数据管理模块和传感器抽象层模块。而 uData 例程的初始化流程也是按照这三个模块来进行的。uData 例程的整体初始化流程如图 8-14 所示。

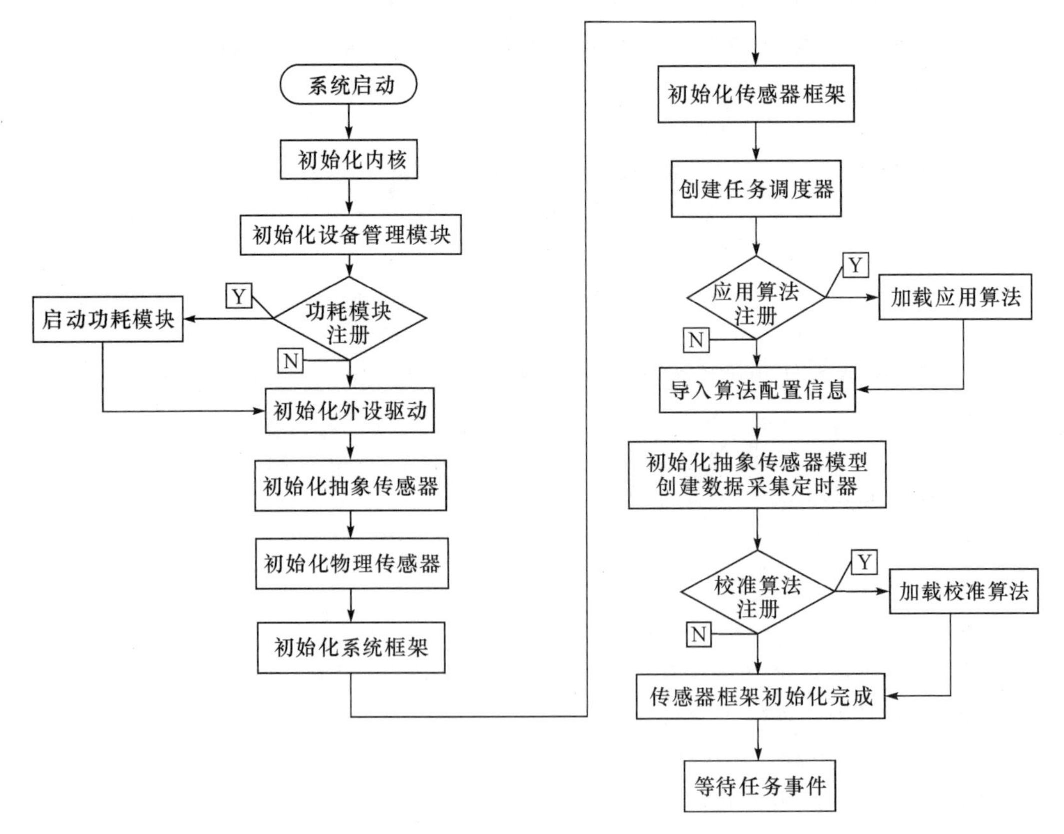

图 8-14　uData 例程整体初始化流程

在图 8-14 中,初始化外设驱动对应下面的 sensor_init()函数,初始化抽象传感器、初始化物理传感器、初始化系统框架对应下面的 uData_main()函数。uData 例程所需要的初始化工作 sensor_init()和 uData_main()都是在 aos_kernel_init(&kinit)内核初始化部分完成的。下面将具体介绍外设传感器驱动函数与 uData 的软件框架初始化函数。

8.3.1 int sensor_init(void)

uData 例程中传感器抽象层模块初始化,主要包括传感器的驱动接口、静态校准的配置接口、硬件配置接口等。在本函数中主要初始化了板载的多种传感器,如加速度陀螺仪、气压传感器以及温湿度传感器等。具体初始化代码如图 8-15 所示。

```
#ifdef AOS_SENSOR
    sensor_init();
#endif
int sensor_init(void){
    int ret   = 0;
    int index = 0;
    g_sensor_cnt = 0 ;
    sensor_io_bus_init(&i2c);
#ifdef AOS_SENSOR_HUMI_BOSCH_BME280
    drv_humi_bosch_bme280_init();
#endif /* AOS_SENSOR_HUMI_BOSCH_BME280 */
#ifdef AOS_SENSOR_ACC_BOSCH_BMA253
    drv_acc_bosch_bma253_init();
#endif /* AOS_SENSOR_ACC_BOSCH_BMA253 */
#ifdef AOS_SENSOR_BARO_BOSCH_BMP280
    drv_baro_bosch_bmp280_init();  /* 本次历程中主要用到的传感器 */
#endif /* AOS_SENSOR_BARO_BOSCH_BMP280 */
#ifdef AOS_SENSOR_ACC_ST_LSM6DSL
    drv_acc_st_lsm6dsl_init();
#endif /* AOS_SENSOR_ACC_ST_LSM6DSL */
#ifdef AOS_SENSOR_GYRO_ST_LSM6DSL
    drv_gyro_st_lsm6dsl_init();
#endif /* AOS_SENSOR_GYRO_ST_LSM6DSL */
#ifdef AOS_SENSOR_BARO_ST_LPS22HB
    drv_baro_st_lps22hb_init();
```

```
#endif /* AOS_SENSOR_BARO_ST_LPS22HB */
#ifdef AOS_SENSOR_ACC_MIR3_DA217
    drv_acc_mir3_da217_init();
#endif /* AOS_SENSOR_ACC_MIR3_DA217 */
#ifdef AOS_SENSOR_ALS_LITEON_LTR553
    drv_als_liteon_ltr553_init();
#endif /* AOS_SENSOR_ALS_LITEON_LTR553 */
#ifdef AOS_SENSOR_PS_LITEON_LTR553
    drv_ps_liteon_ltr553_init();
#endif /* AOS_SENSOR_PS_LITEON_LTR553 */
#ifdef AOS_SENSOR_TEMP_SENSIRION_SHTC1
    drv_temp_sensirion_shtc1_init();
#endif /* AOS_SENSOR_TEMP_SENSIRION_SHTC1 */
#ifdef AOS_SENSOR_HUMI_SENSIRION_SHTC1
    drv_humi_sensirion_shtc1_init();
#endif /* AOS_SENSOR_HUMI_SENSIRION_SHTC1 */
    ret = sensor_hal_register();
    LOGD(SENSOR_STR, "%s successfully \n", _func_);
    return 0;
}
```

图 8-15　sensor_init()函数代码

8.3.2　int uData_main(void)

在当前 uData 框架中分别有三张数据表:应用服务表、抽象数据表及物理传感器表。其中,物理传感器表已经在 int sensor_init(void)函数初始化完成。

在 uData_main()函数中会实现对于抽象数据管理模块以及应用服务管理模块的初始化。其中,抽象数据管理模块主要完成对物理传感器的抽象化管理,以 VFS 方式和 kernel 层 sensor 进行通信。应用服务管理模块主要完成基于传感器的应用算法数据服务,支持整个 uData 框架的事件调度机制以及管理对外组件需求等。具体代码如图 8-16 所示。

```
#ifdef AOS_FRAMEWORK_COMMON
    aos_framework_init();
#endif
```

```
int uData_main(void)
{
    int ret = 0;
    /* NOTE:
        * please run the abs data init firstly, then run udata service init */
    ret = abs_data_model_init();/* 抽象数据管理模块初始化 */
    ret = uData_service_mgr_init();/* 应用服务管理模块初始化 */
    ret = uData_service_init();/* uData 框架对外接口服务初始化 */
    ret = abs_data_cali_init();
    if(unlikely(ret)){
        return -1;
    }
    LOG("%s %s successfully\n", uDATA_STR, _func_);
    return 0;
}
```

图 8-16　uData_main()函数代码

1. uData 模块间通信模式

当前的 uData 模块间通信是基于 AliOS Things 的 Yloop 异步处理机制的。在 uData 框架的 framework 层，目前设计了一个任务调度器（uData_service_dispatcher）和一个定时器（g_abs_data_timer）来实现整个 uData 的通信机制。在 uData 框架中，对于传感器数据的读取分为两种机制：一种是轮询机制，即基于定时器发起读取传感数据的方式；另一种是中断方式，即由传感器自身产生中断通知上层软件进行读取。对于一般的业务，基本以轮询方式来读取数据都能满足业务需求，而中断方式用于低功耗管理、系统唤醒等业务居多。

因为此部分涉及代码较多，所以在这里以流程图的形式展现其工作原理。具体 uData 框架通信机制流程如图 8-17 所示。

2. 应用层主入口函数

在完成了传感器设备初始化、uData 软件框架初始化之后，调用 application_start(int argc, char *argv[])进入用户应用程序，执行用户程序代码，具体的代码：int application_start(int argc, char *argv[])。

该代码是开发者的应用函数入口。在本函数中完成的主要功能为：

①注册监听 uData 事件。

②订阅 UDATA_SERVICE_BARO 服务，进入事件轮询。

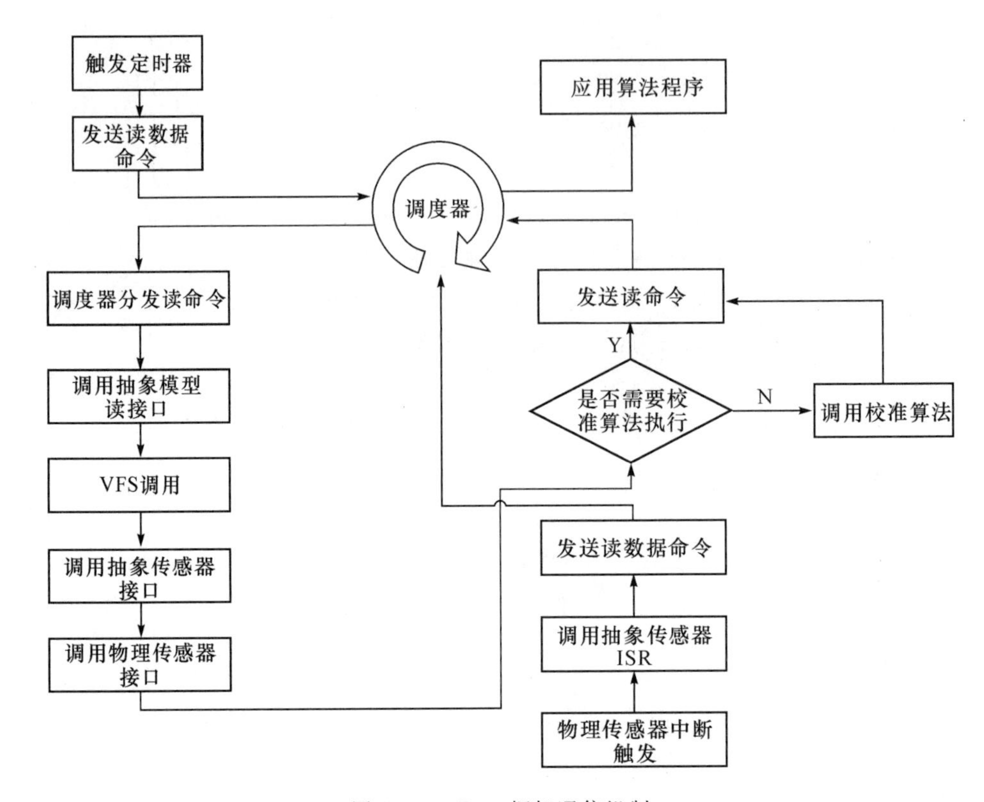

图 8-17　uData 框架通信机制

```
int application_start(int argc, char * argv[])
    {int ret = 0;
    /* 注册监听 uData 事件 */
    aos_register_event_filter(EV_UDATA, uData_report_demo, NULL);
    /* 订阅 UDATA_SERVICE_BARO 服务 */
    ret = uData_subscribe(UDATA_SERVICE_BARO);
    if(ret != 0){
        printf("%s %s %s %d\n", uDATA_STR, _func_, ERROR_LINE, _LINE_);
        return -1;  }
    aos_loop_run();
    return 0;}
```

图 8-18　application_start()函数代码

在应用层入口函数 application_start(int argc, char * argv[])中，注册监听了 uData 事件，当确认有事件发生时，会调用对应的 uData_report_demo()函数来执行相关操作。uData_report_demo()函数具体的代码如图 8-19 所示。

```
void uData_report_demo(input_event_t * event, void * priv_data)
{
    udata_pkg_t buf;
    if ((event == NULL)||(event->type != EV_UDATA)) {
        return;
    }
    if(event->code == CODE_UDATA_REPORT_PUBLISH){
        int ret = 0;
        ret = uData_report_publish(e)vent,&buf;
        if(ret == 0){
            barometer_data_t * data = buf.payload;
            printf("uData_application::::::::::::type = (%d)\n",buf.type);
            printf("uData_application:::::::::::data = (%d)\n", data->p);
            printf("uData_application::::::timestamp = (%d)\n", data->timestamp);
        }
    }
}
```

图 8-19　uData_report_demo()函数代码

8.4　实战步骤

(1)新建工程。基本方法和建立 MQTT 例程时相同，在 Project 框下选择 uDataapp，开发板选择对应的 AliOS Things Developer Kits，如图 8-20 所示。

(2)修改相关参数。在当前硬件平台芯片的 mk 文件中加入 sensor 的编译信息。一般此 mk 文件位于 platform\mcu\，比如当前的硬件平台是基于 AliOS Things Developer Kits 和 stm32L4 系列芯片的，可以参考图 8-21 配置 sensor 信息。

请把 sensor_init()添加到 aos_init.c 的 aos_kernel_init(kinit_t * kinit)中。这里需要注意的是，请添加在 kernel 组件初始化结束之后，比如 ota_service_init()之后，具体实现请参考图 8-22。

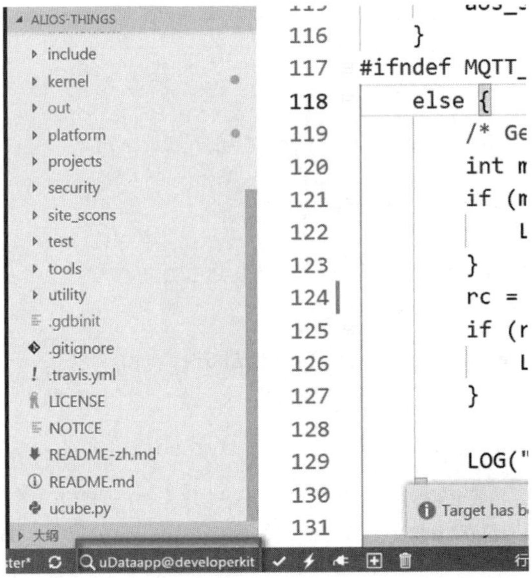

图 8-20　新建工程

```
/* 把此信息加入当前的平台 mk 文件里,请注意区分大小写 */
$(NAME)_COMPONENTS += device/sensor
```

图 8-21　mk 文件 sensor 信息配置

```
/* 此宏定义在 sensor.mk 文件中 */
#ifdef AOS_SENSOR
sensor_init();
#endif
```

图 8-22　sensor_init 函数在 mk 文件中的添加

此后,修改 device\sensor\sensor.mk 文件。因为要进行 sensor 初始化,所以要添加 AOS_SENSOR 的宏定义,而且在本次例程中我们主要是以 bmp280 作为主要传感器提供服务,所以要在 sensor.mk 文件中进行宏定义,使得 bmp280 传感器得以正常初始化。具体修改可参考图 8-23。

(3)工程编译与下载。参数修改完成后直接进行编译与下载,操作方法与 MQTT 例程相同,这里不再赘述。

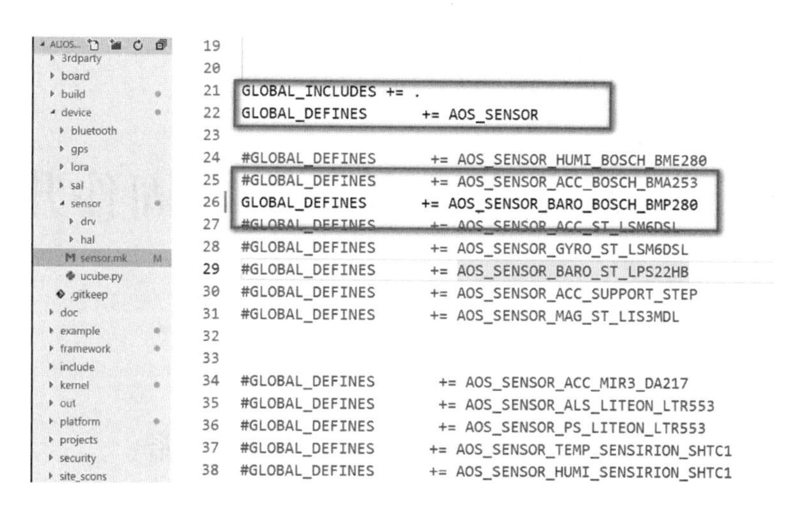

图 8-23 sensor.mk 文件的修改

8.5 实战成果

下载成功后进行复位并重新运行，运行结果如图 8-24 所示。在完成传感器设备驱动初始化、uData 框架初始化之后，用户订阅了 uData 服务，所以程序会不断地获取 uData 传感器数据，在串口的打印信息中可以看到详细的数据信息。

```
[000010]<V> sensor:  drv_als_liteon_ltr553_init successfully
[000020]<V> sensor:  drv_ps_liteon_ltr553_init successfully
[000030]<V> sensor:  drv_temp_sensirion_shtc1_init successfully
[000030]<V> sensor:  drv_humi_sensirion_shtc1_init successfully
[000040]<V> aos framework init.
[000040]<V> uData:  abs_data_model_init successfully
[000050]<V> uData:  uData_service_mgr_init successfully
[000050]<V> uData:  service_process_init 775 get drv for udata_service 0
[000060]<V> uData:  service_process_init 775 get drv for udata_service 2
[000070]<V> uData:  service_process_init 775 get drv for udata_service 3
[000080]<V> uData:  service_process_init 775 get drv for udata_service 4
[000080]<V> uData:  service_process_init 775 get drv for udata_service 5
[000090]<V> sensor:  drv_baro_bosch_bmp280_open successfully
[000100]<V> uData:  abs_data_open successfully
[000100]<V> uData:  udata_baro_service_register successfully
[000110]<V> uData:  service_process_init 775 get drv for udata_service 6
[000120]<V> uData:  service_process_init 775 get drv for udata_service 8
[000120]<V> uData:  cali_example_example_init successfully
[000130]<V> uData:  abs_data_cali_init successfully
[000130]<V> uData:  uData_main successfully
[000140]<V> uData:  uData_subscribe successfully
[002090]<V> uData:  abs_data_read successfully
[002090]<V> uData:  udata_baro_service_cb = (5), (100601), (2090)
uData_application::::::::::::::type = (5)
uData_application::::::::::::::data = (100601)
uData_application:::::::::timestamp = (2090)
[003090]<V> uData:  abs_data_read successfully
[003090]<V> uData:  udata_baro_service_cb = (5), (100598), (3090)
uData_application::::::::::::::type = (5)
uData_application::::::::::::::data = (100598)
uData_application:::::::::timestamp = (3090)
[004090]<V> uData:  abs_data_read successfully
```

图 8-24 串口打印出的详细信息

第9章 实践例程四:FOTA 固件升级

9.1 实践内容与软、硬件准备

本章例程的目的是让读者熟悉 AliOS Things 的 FOTA 功能流程与实现方式，并利用阿里云物联网套件提供的固件升级服务实现一次固件更新。具体而言，本章我们将让你熟悉 FOTA 的实现流程并通过使用 AliOS Things 提供的 API 接口快速实现基于 MQTT 协议的 FOTA 功能，并在 IoT 套件平台创建一个新的设备，开通固件升级服务后实现一次完整的 FOTA 流程。本章中实验操作是在 Developer Kits 开发板上进行的，若选用其他开发板请参考 GitHub 官方源码。GitHub 源码官方地址为：https://github.com/alibaba/AliOS-Things。本章实战所需的软硬件准备如下：

(1)硬件准备：

- Developer Kits 开发板一块；
- micro USB 连接线。

(2)软件环境：

- 安装有 alios-studio 插件的 Visual Studio Code；
- ST-Link 驱动程序；
- 串口调试助手：serial_port_utility；
- 串口驱动程序安装：驱动软件为 ch341_driver.exe。

本章例程所使用的 Developer Kits 开发板已经实现了 FOTA 相关的 Flash HAL 层的适配工作和 OTA 组件功能接口的移植，如果使用其他开发板运行此例程，需要完成上述两部分功能的移植。接下来将通过 Developer Kits 开发板的具体实现来介绍 Flash HAL 层适配和 OTA 组件功能接口移植的相关步骤。

9.2 Flash HAL 移植

在进行 OTA 移植之前需要完成 Flash HAL 层的适配工作。Flash HAL 移植包括两个任务：Flash 存储区划分与 Flash 读写接口实现。第一个任务具体是指将

Flash 存储区划分为 application、ota 两大部分和一小部分特定参数存储区，具体的实现实例可以查看文件:\board\STM32L496G-Discovery\aos\board_partition. c。

将存储区划分完成之后，第二个任务实现 Flash 读写的硬件抽象层。Flash HAL 层读写接口函数声明在\include\hal\soc\flash. h 中。由于函数内容较多，在这里只给出函数 API 信息，如图 9-1 至图 9-4 所示，完整函数体不再展开。读者在实现过程中可以参考具体函数文件。例如，在\aos\platform\mcu\stm32l4xx\src\STM32L496G-Discovery\hal\flash_port. c 中实现。

接口函数:hal_logic_partition_t * hal_flash_get_info(hal_partition_t in_partition)
输入参数:目标 Flash 逻辑分区
返回参数:Flash 逻辑分区信息结构体指针
说明:用于查看指定分区状态信息

图 9-1 接口函数 hal_flash_get_info 说明

接口函数:int32_t hal_flash_write(hal_partition_t pno, uint32_t * * off_set, const void * buf ,uint32_t buf_size)
输入参数:目标 Flash 逻辑分区，起始地址指针，待写入数据缓存区的指针，待写入的数据长度
返回参数:0:写入成功，-1:在写入过程中出错
说明:向指定分区指定地址写入数据

图 9-2 接口函数 hal_flash_write 说明

接口函数:int32_t hal_flash_read(hal_partition_t in_partition, uint32_t * off_set,void * out_buf, uint32_t in_buf_len)
输入参数:目标 Flash 逻辑分区，起始地址指针，输出数据缓存区指针，待读取的数据长度
返回参数:0:读入成功，-1:在读入过程中出错
说明:读取指定分区指定地址数据

图 9-3 接口函数 hal_flash_read 说明

接口函数:int32_t hal_flash_erase(hal_partition_t in_partition, uint32_t off_set, uint32_t size)
输入参数:目标 Flash 逻辑分区，起始地址指针，待擦除的数据长度
返回参数:0:擦除成功，-1:擦除过程中出错
说明:擦除指定分区部分存储区

图 9-4 接口函数 hal_flash_erase 说明

实现 Flash 读写的硬件抽象层之后，还要实现 Flash 设备的具体硬件驱动，以使抽象层接口可用。设备的驱动包括写入、读出、擦除等，具体函数示例如图 9-5 至图 9-7 所示。

```
int FLASH_unlock_erase(uint32_t address, uint32_t len_bytes)
{
    int rc = -1;
    uint32_t PageError = 0;
    FLASH_EraseInitTypeDef EraseInit;

    /* L4 ROM memory map, with 2 banks split into 2kBytes pages.
     * WARN: ABW. If the passed address and size are not page-aligned,
     * the start of the first page and the end of the last page are erased anyway.
     * After erase, the flash is left in unlocked state.
     */
    EraseInit.TypeErase = FLASH_TYPEERASE_PAGES;

    EraseInit.Banks = FLASH_get_bank(address);
    /* 这里是根据地址计算板内片区，需要根据不同芯片进行适配 */
    if (EraseInit.Banks != FLASH_get_bank(address + len_bytes))
    {
    printf("Error: Cannot erase across FLASH banks.\n");
    }
    else
    {
        /* 计算擦除参数，同样需要根据芯片进行适配 */
        EraseInit.Page = FLASH_get_pageInBank(address);
        EraseInit.NbPages = FLASH_get_pageInBank(address + len_bytes - 1) -
EraseInit.Page + 1;

        HAL_FLASH_Unlock();

        if (HAL_FLASHEx_Erase(&EraseInit, &PageError) == HAL_OK)
        {
            rc = 0;
        }
```

```
        else
        {
            printf("Error erasing at 0x%08lx\n", address);
        }
    }
    return rc;
}
```

图 9-5　FLASH_unlock_erase()函数代码

```
/* 底层写入 Flash 接口 */
    int FLASH_write_at(uint32_t address, uint64_t *pData, uint32_t len_bytes)
    {
        int i;
        int ret = -1;
#ifndef CODE_UNDER_FIREWALL
    /* irq already mask under firewall */
    _disable_irq();/* 写入前关闭中断,避免在写入过程中被打断 */
#endif

        for (i = 0; i < len_bytes; i += 8)
        {
        /* 调用 STM32L4 本身提供的 Flash 驱动层函数实现数据写入 */
        if (HAL_FLASH_Program(FLASH_TYPEPROGRAM_DOUBLEWORD,
            address + i,
            *(pData + (i/8) )) != HAL_OK)
        {
            break;
        }
    }
    /* Memory check */
    for (i = 0; i < len_bytes; i += 4)
    {
        uint32_t *dst = (uint32_t *)(address + i);
        uint32_t *src = ((uint32_t *) pData) + (i/4);
        if( *dst != *src )
```

```
        {
#ifndef CODE_UNDER_FIREWALL
            printf("Write failed @0x%08lx, read value = 0x%08lx, expected =
                0x%08lx\n", (uint32_t) dst, *dst, *src);
#endif
            break;
        }
        ret = 0;
    }
#ifndef CODE_UNDER_FIREWALL
    /* irq should never be enable under firewall */
    _enable_irq();
#endif
    return ret;
}
```

图 9-6　FLASH_write_at 函数代码

```
/* 底层读取 Flash 数据接口，按照 64 位进行读取 */
int FLASH_read_at(uint32_t address, uint64_t *pData, uint32_t len_bytes)
{
    int i;
    int ret = -1;
    uint32_t *src = (uint32_t *)(address);
    uint32_t *dst = ((uint32_t *) pData);
    for (i = 0; i < len_bytes; i += 4)
    {
        *(dst + i/4) = *(src++);
    }
    ret = 0;
    return ret;
}
```

图 9-7　FLASH_read_at 函数代码

还有部分接口没有列出，读者可以参考\aos\platform\mcu\stm32l4xx\src\STM32L496G-Discovery\hal\flash_l4.c 文件中的实现进行移植。

9.3　FOTA 移植

在完成 Flash HAL 层移植后,我们接下来进行上层的 OTA 功能接口的实现。AliOS Things 源码已经在\include\hal\ota. h 文件中声明了 OTA 升级过程中用到的接口函数以及特殊参数类型(如升级结果类型、启动参数表结构体类型和 OTA 设备结构体类型等),移植过程中要结合具体芯片实现该文件声明的函数接口,一般建议将函数接口实现代码存放在文件:\aos\platform\mcu\xxx\hal\ota_port. c 中(其中 xxx 表示待移植的设备名),下面分步介绍移植方法。

步骤 1:按照/include/hal/ota. h 文件中声明的函数接口格式声明 xxx_ota_init、xxx_ota_write 等函数,然后定义如图 9-8 所示的 OTA 设备结构体,将 OTA 升级过程中用到的接口函数封装在 OTA 设备结构体中(其中 xxx 表示待移植的设备名)。

```
struct hal_ota_module_s xxx_ota_module = {
    .init = xxx_ota_init,
    .ota_write = xxx_ota_write,
    .ota_read = xxx_ota_read,
    .ota_set_boot = xxx_ota_set_boot,
};
```

图 9-8　OTA 设备 hal_ota_module_s 对象定义

步骤 2:接下来需要实现结构体中的函数接口。下面对\include\hal\ota. h 中声明的函数接口做一个说明,便于读者针对不同的设备进行实现。读者在实现过程中可以参考\aos\platform\mcu\stm32l4xx\src\STM32L496G-Discovery\hal\ota_port. c 文件中具体实现的示例,相关函数接口声明如图 9-9 至图 9-12 所示,由于篇幅所限,这些接口的实现代码不再列出。

```
接口函数:int ( * init)(hal_ota_module_t * m, void * something)
输入参数:OTA 设备指针,用作断点续传的断点地址
返回参数:0:正常初始化;-1:初始化失败
说明:初始化时判断断点值是否为 0,若为 0,则擦除 FOTA 下载 Flash 分区,准备一次全新
     的下载,若不为 0,则认为上次下载中断,接下来进行断点续传,无需擦除 FOTA 下载
     Flash 分区
```

图 9-9　OTA 设备层初始化接口

接口函数:int (* ota_write)(hal_ota_module_t * m, volatile uint32_t * off_set, uint8_t * in_buf , uint32_t in_buf_len) 输入参数:OTA 设备指针,起始地址指针(上层置 0),待写入的数据指针,待写入的数据长度 返回参数:0,写入正常;-1,写入失败 说明:由于 off_set 调用时永远置 0,所以写偏移地址需要函数自身实现,建议使用 init 函数中初始化或得到的偏移地址,每次写入之后将此偏移量加上本次写入长度进行累加。此函数需要调用 Flash 写操作函数对数据进行写入

图 9-10　OTA 设备层写入数据接口

接口函数:int (* ota_read)(hal_ota_module_t * m, volatile uint32_t * off_set, uint8_t * out_buf , uint32_t out_buf_len) 输入参数:目标 FLASH 逻辑分区,起始地址指针,读出的数据缓存区,本次读取数据的长度 返回参数:0,正常读取;-1,在读取过程中出错 说明:此函数封装 Flash 读操作函数即可

图 9-11　OTA 设备层读取数据接口

接口函数:int (* ota_set_boot)(hal_ota_module_t * m, void * something) 输入参数:OTA 设备指针,启动参数 返回参数:0:设置启动区成功,-1:出错 说明:本接口用于下载完成后对系统进行升级或者下载中断后保存现场

图 9-12　OTA 设备层设置启动参数接口

步骤 3:确保上述四个接口中会用到的 Flash HAL 的函数已经实现,比如在 OTA 初始化函数中读取 OTA 存储区信息用于初始化该 Flash 片区,OTA 读写函数中对 Flash 存储区的读写函数。同时,还有一些 Flash 驱动功能需要实现,比如升级完毕后设备启动区切换功能,读者在实现过程中可以参考\aos\platform\mcu\stm32l4xx\sr-c\STM32L496G-Discovery\hal\flash_l4. c 文件,其中有部分函数接口已经在 Flash HAL 移植中列出(如 Flash 读写函数),还有部分函数没有列出(如启动区切换函数),请读者自行查阅。

完成 Flash HAL 移植、Flash 驱动实现与 OTA 的移植并且设备入网成功后,OTA 功能就可以正常使用了。接下来,我们将使用 AliOS Things 源码中的例程实现一次完整的 OTA 固件更新流程,读者将会学习到这部分移植成功的底层接口是如何被上层应用使用的。

9.4　实战代码

在本例程中,我们使用 MQTT 例程连接平台,在终端进行数据上报任务时,平台可以发送更新指令进行固件升级。通过分析本例程中关于 FOTA 的相关函数,我们对 FOTA 功能进行详细介绍。

FOTA 升级流程如图 9-13 所示。设备升级之前首先需要初始化 OTA 服务,订

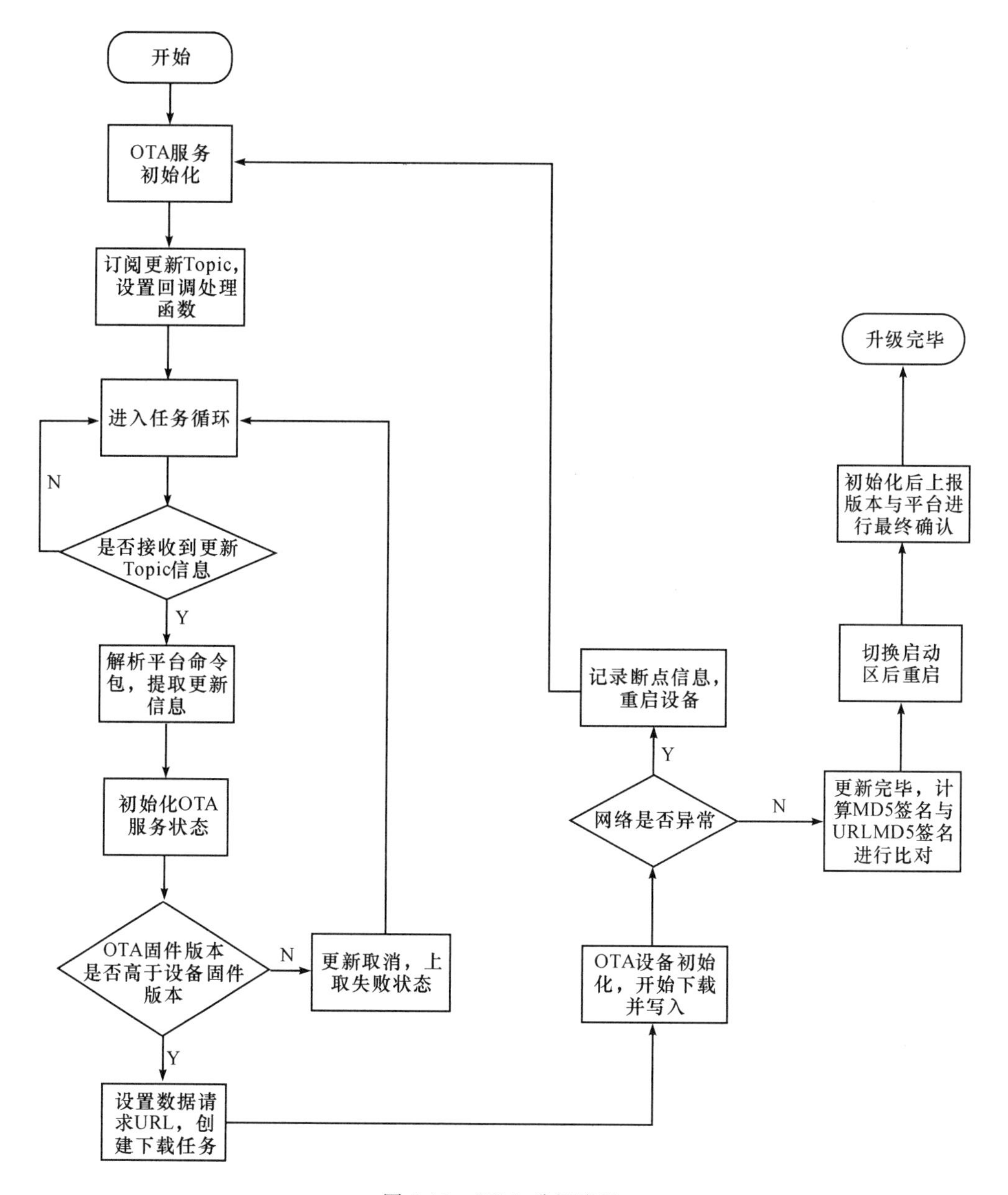

图 9-13　OTA 升级流程

阅平台 Topic 用于接收平台指令。订阅 Topic 时会注册对应的回调函数，当收到该 Topic 信息时执行回调函数。设备收到更新指令后比较版本号确定是否需要更新，更新时使用 https 向平台读取数据包，这里使用 MD5 算法对数据完整性做验证。更新完毕，设备转换启动区后重启并向平台上报最新版本号做最终校验，更为详细的分析参见下面的接口代码。

9.4.1 OTA 服务初始化

（1）注册 OTA 事件监听函数 ota_service_event(input_event_t * event, void * priv_data)；

（2）获取目前版本信息用于后续上报版本；

（3）订阅物联网套件更新 topic:/ota/device/upgrade/ $ (product_key)/ $ (d) evice_name。

如图 9-14 所示代码，设备每次重启都会初始化 OTA，并且上报版本信息，假如在更新过程中掉线，设备会记录更新断点信息，然后重启订阅更新 Topic 并上报版本信息，平台检测到设备没有更新完毕会继续向设备发送更新请求，使设备进入更新状态。

```
void ota_service_init(void)
{
    aos_register_event_filter(EV_SYS, ota_service_event, NULL);
}

void ota_service_event(input_event_t * event, void * priv_data)
{
    if (event->type == EV_SYS && event->code == CODE_SYS_ON_START_FOTA) {
        if (ota_init) {
            return;
        }
        ota_init = 1;
        platform_ota_init((void * )(e)vent->value);
        init_device_parmas();
        ota_regist_upgrade();
    }
}
/ * Topic 订阅 * /
void ota_regist_upgrade(void)
{
```

```
/* 订阅更新 Topic,传入更新执行函数指针 do_update */
    platform_ota_subscribe_upgrade(&do_update);
    ota_post_version_msg();/* 上报当前版本 */
    platform_ota_cancel_upgrade(&cancel_update);
}
```

图 9-14　FOTA 服务初始化代码

在 OTA 服务初始化中,一个重要的步骤就是订阅更新 Topic,订阅更新 Topic 的代码,如图 9-15 所示。

```
/* 订阅更新 Topic */
int8_t platform_ota_subscribe_upgrade(aos_cloud_cb_t msgCallback)
{
    g_upgrad_topic = aos_zalloc(OTA_MQTT_TOPIC_LEN);

    if (! g_upgrad_topic) {
        OTA_LOG_E("generate topic name of upgrade malloc fail");
        return -1;
    }
    /* 生成 Topic 字符串并保存在 g_upgrad_topic 中 */
    int ret = ota_mqtt_gen_topic_name(g_upgrad_topic, OTA_MQTT_TOPIC_LEN, "
upgrade", g_ota_device_info.product_key, g_ota_device_info.device_name);
    if (ret < 0) {
        OTA_LOG_E("generate topic name of upgrade failed");
        goto do_exit;
    }
    /* subscribe the OTA topic:"/ota/device/upgrade/$(product_key)/$(d)evice_name" */
    /* 向平台发送订阅更新 Topic 请求,并注册回调函数 ota_mqtt_sub_callback */
    ret = mqtt_subscribe(g_upgrad_topic, ota_mqtt_sub_callback, (void *)msgCallback);

    if (ret < 0) {
        OTA_LOG_E("mqtt subscribe failed");
        goto do_exit;
    }
    return ret;
do_exit:
```

```
    if (NULL != g_upgrad_topic) {
        aos_free(g_upgrad_topic);
        g_upgrad_topic = NULL;
    }
    return -1;
}
```

图 9-15 设备订阅更新 Topic

9.4.2 OTA 设备初始化

OTA 设备初始化对应的执行函数如图 9-16 所示，这一过程需要设置初始化的各种参数。在初始化过程中，要判断目前应用代码执行区，以便更新结束后切换执行区。

```
unsigned int _off_set = 0;
static int stm32l475_ota_init(hal_ota_module_t *m, void *something)
{
    hal_logic_partition_t *partition_info;
    hal_partition_t pno = HAL_PARTITION_OTA_TEMP;
    /* 设置 OTA 设备初始化函数 */
    stm32l475_ota_module.init = stm32l475_ota_init
    stm32l475_ota_module.ota_write = stm32l475_ota_write;
    stm32l475_ota_module.ota_read = stm32l475_ota_read;
    /* 升级完毕调用,执行启动区切换 */
    stm32l475_ota_module.ota_set_boot = stm32l475_ota_set_boot;

    LOG("set ota init----------------\n");
    _off_set = *(uint32_t *)something;
    ota_info.ota_len = _off_set;
    /* 识别目前使用的 Flash 区,在 bank1 与 bank2 之间进行选择 */
    if (! FLASH_bank1_enabled()) {
        pno = HAL_PARTITION_APPLICATION;
    }
    /* 在整体升级与断点升级之间进行选择 */
    if(_off_set == 0) {
        partition_info = hal_flash_get_info( pno );
```

```
        hal_flash_erase(pno, 0 ,partition_info->partition_length);
        CRC16_Init( &contex );
    } else {
        contex.crc = hal_ota_get_crc16();
        LOG("----get crc16 context.crc = %d! ----\n",contex.crc);
    }
    return 0;
}
```

图 9-16　OTA 设备初始化

9.4.3　开始更新

在收到来自更新 Topic 的信息时回调函数调用 do_update 进行一系列升级操作，具体函数代码如图 9-17 所示。

```
void do_update(int len, const char *buf)
{
#ifdef STM32_USE_SPI_WIFI
    update_action((void *)buf);
#else
    ota_set_resp_msg(buf);
    aos_schedule_call(update_action, (void *)ota_get_resp_msg());
#endif
}
static void update_action(void *buf)
{
    LOGD(TAG, "begin do update %s" , (char *)buf);
    if (! buf) {
        LOGE(TAG, "do update buf is null");
        return;
    }

    ota_response_params response_parmas;
    memset((void *)&response_parmas,0,sizeof(response_parmas));

    /*设置升级操作接口*/
```

```
    ota_set_callbacks(ota_hal_write_cb, ota_hal_finish_cb);
    /* 解析平台下发的数据包,获取最新版本参数,解析结果保存在 response_parmas 中 */
    if (0 == platform_ota_parse_response((char *)buf, strlen((char *)buf),
&response_parmas)) {

        ota_do_update_packet(&response_parmas, &ota_request_parmas,
                             ota_write_flash_callback,ota_finish_callbak);
    }
}
```

图 9-17　FOTA 升级操作

开始更新时,非常重要的一步是解析更新 Topic 数据包。解析更新数据包,提取出待升级固件版本号、MD5 摘要和下载数据包 URL,具体操作代码如图 9-18 所示。固件版本号用于与设备当前版本号进行对比判断是否需要更新,MD5 摘要用于更新完成后的完整性校验,URL 用于设备向平台读取数据。

```
int8_t ota_do_update_packet(ota_response_params * response_parmas, ota_request_
params * request_parmas, write_flash_cb_t func, ota_finish_cb_t fcb)
{
    int ret = 0;
    ota_status_init();
    ota_set_status(OTA_INIT);

    /* 比较版本号,判断是否需要更新 */
    ret = ota_if_need(response_parmas, request_parmas);
    if (1 != ret) {
        OTA_LOG_E("ota cancel,ota version don't match dev version ! ");
        ota_set_status(OTA_INIT_FAILED);
        ota_status_post(100);
        ota_status_deinit();
        return ret;
    }
    ota_status_post(100);
    //ota_set_version(response_parmas->primary_version);
    g_write_func = func;
    g_finish_cb = fcb;
```

```
    memset(md5, 0, sizeof md5);
    strncpy(md5, response_parmas->md5, sizeof md5);
    md5[(sizeof md5) - 1] = 0;

    /* 生成更新数据请求 URL */
    if (set_download_url(response_parmas->download_url)) {
        OTA_LOG_E("set_url failed");
        ret = -1;
        return ret;
    }// memset(url, 0, sizeof url);
    // strncpy(url, response_parmas->download_url, sizeof url);
    /* 创建下载任务 */
    ret = aos_task_new("ota", ota_download_start, 0, 4096);
#ifdef STM32_USE_SPI_WIFI
    aos_task_exit(0);
#endif
    return ret;
```

图 9-18　升级数据包解析

9.4.4　升级数据包下载

设备在升级过程中会向平台端上报开始升级与升级完成消息，同时在网络出现异常时会保存断点信息，结束更新后重启，在新的一次设备初始化过程中识别断点信息并由断点继续更新。升级正常完成后设备选择新的启动区重启，重启后向平台上报版本号做最终确认。具体函数操作如图 9-19 所示。

```
void ota_download_start(void *buf)
{
    OTA_LOG_I("task update start");
    /* 初始化更新状态，如果有断点则从断点处开始更新 */
    ota_hal_init(ota_get_update_breakpoint());
    /* 上报升级状态为初始状态 */
    ota_set_status(OTA_DOWNLOAD);
    ota_status_post(0);
    /* 向平台读取数据包，并写入 Flash 存储区 */
```

```
int ret = ota_download(get_download_url(), g_write_func, md5);
/* 如果升级失败(网络出现异常),保存断点信息并重启 */
if (ret <= 0) {
    OTA_LOG_E("ota download error");
    ota_set_status(OTA_DOWNLOAD_FAILED);
    if (NULL != g_finish_cb) {
        int type = ota_get_update_type();
        g_finish_cb(OTA_BREAKPOINT, &type);
    }
    goto OTA_END;
}
if (ret == OTA_DOWNLOAD_CANCEL) {
    OTA_LOG_E("ota download cancel");
    if (NULL != g_finish_cb) {
        int type = ota_get_update_type();
        g_finish_cb(OTA_BREAKPOINT, &type);
    }
    ota_set_status(OTA_CANCEL);
    goto OTA_END;
}
/* 更新完成后上报 */
ota_status_post(100);
ota_set_status(OTA_CHECK);
/* 检验 MD5 摘要 */
ret = check_md5(md5, sizeof md5);
if (ret < 0 ) {
    OTA_LOG_E("ota check md5 error");
    ota_set_status(OTA_CHECK_FAILED);
    goto OTA_END;
}
/* 检验 MD5 正确后上报 */
ota_status_post(100);
// memset(url, 0, sizeof url);
OTA_LOG_I("ota status %d", ota_get_status());
ota_set_status(OTA_UPGRADE);
if (NULL != g_finish_cb) {
```

```
        int type = ota_get_update_type();
        g_finish_cb(OTA_FINISH, &type);
    }
    ota_status_post(100);
    ota_set_status(OTA_REBOOT);
OTA_END:
    ota_status_post(100);
    free_msg_temp();
    ota_status_deinit();
    OTA_LOG_I("reboot system after 3 second!");
    aos_msleep(3000);
    OTA_LOG_I("task update over");
    ota_reboot();
}
```

图 9-19　升级数据包下载

9.5　实战步骤

(1)开发板固件下载：

①在平台创建一个新的设备，按照 MQTT 例程中的步骤修改代码中设备三元组信息和 Wi-Fi 相关参数；

②修改代码完成后编译生成 bin 文件，使用 ST Link 将 bin 文件下载到开发板中；

③开发板初始化完成后使用串口发送 netmgr 指令使开发板连接 Wi-Fi 网络。

(2)开通固件升级服务：

找到物联网套件窗口，点击扩展服务开通固件升级服务。

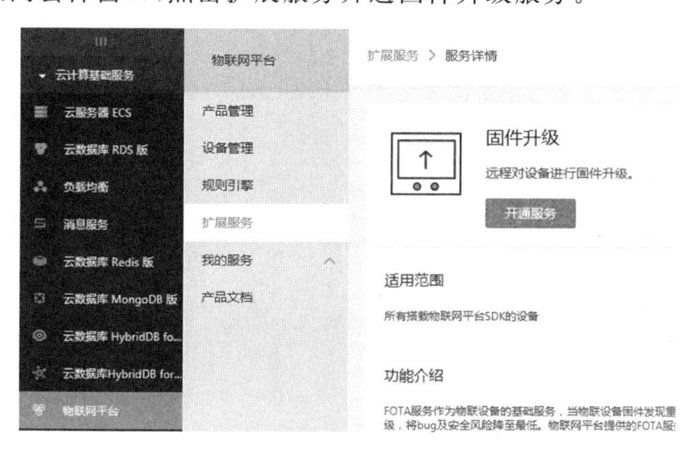

图 9-20　开通固件升级服务

(3)生成更新所用固件：

①编译 Developer Kits 的 mqttapp 例程：在 IDE 的 shell 终端中输入指令 aos make clean 清空之前的编译结果，之后输入指令 aos make mqttapp@developerkit 重新编译代码。

②从编译信息中找出 app 版本号，用于后续在平台添加固体时设置版本号，如图 9-21 所示。

```
app_version:app-1.0.0-20180611.2000
kernel_version:AOS-R-1.3.0
app_version:app-1.0.0-20180611.2000
kernel_version:AOS-R-1.3.0
Build AOS Now
```

图 9-21　固件版本信息

(4)添加升级固件：

①进入物联网套件窗口，选择“扩展服务”后单击“固件升级”，如图 9-22 所示。

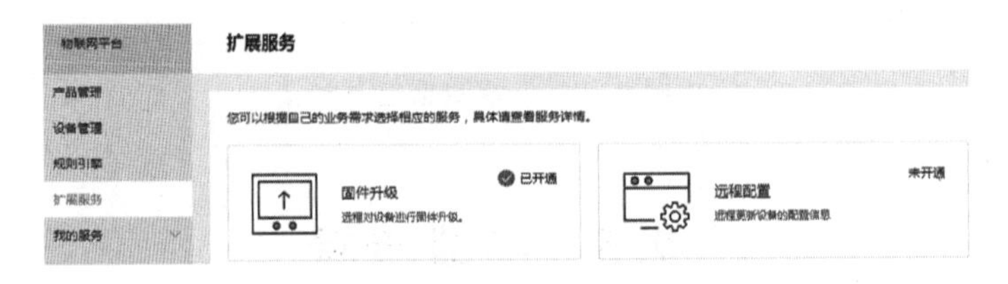

图 9-22　添加升级固件流程(1)

②单击“使用服务”后选择“添加固件”，如图 9-23 和图 9-24 所示。

图 9-23　添加升级固件流程(2)

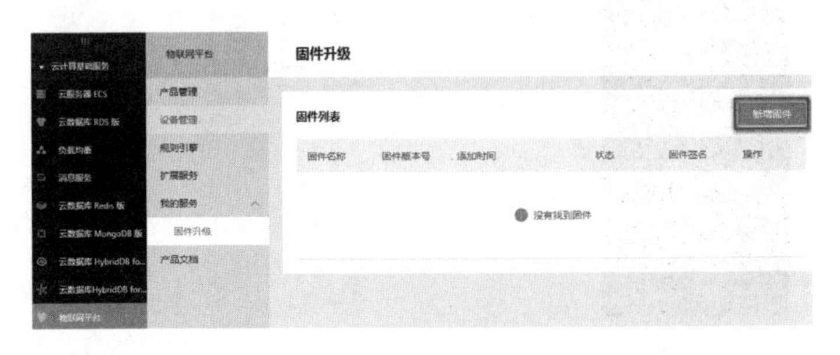

图 9-24　添加升级固件流程(3)

③在添加固件的时候，将(3)记录的版本号输入，并且要比开发板内目前版本号高，如图 9-25 所示。

图 9-25　添加升级固件流程(4)

(5)下发固件更新指令：

①初始创建的固件是未经过验证的，所以在我们的设备上线之后要单击“验证固件”，如图 9-26 所示。

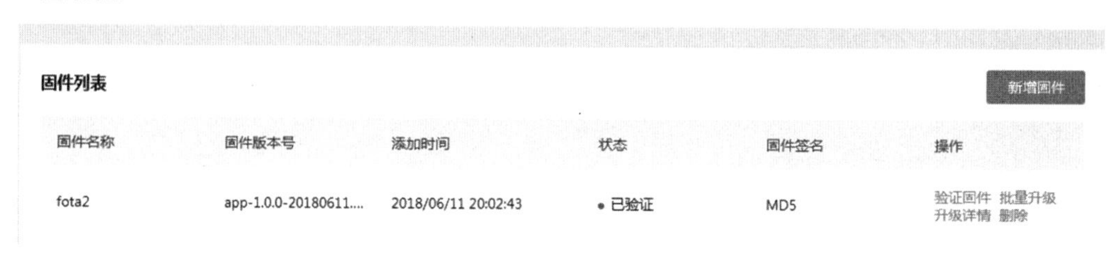

图 9-26　下发固件更新指令(1)

②验证固件时选择升级的设备所在区域、所属产品和版本号，找到设备对应的 deviceName 点击“完成”，如图 9-27 所示。

验证固件

为了确保固件批量升级后设备能正常工作，请在批量升级前选择单台或者多台设备进行验证固件测试，防止将错误的固件升级到大量设备造成损失。

* 设备所在区域

华东2

* 设备所属产品

FOTA

* 请输入版本号

app-1.0.0-20180608.1343 ×

deviceName：

FOTA_1 ×

完成 取消

图 9-27 下发固件更新指令(2)

9.6 实战成果

(1)验证固件，开始升级。将版本号为 app-1.0.0-20180611.2000 的固件下发更新后可以看到如图 9-28 所示日志，可以看到其中固件版本与我们设置的一致。设备在对比版本号确认需要升级后开始初始化 OTA 设备并创建升级任务，如图 9-28 所示。

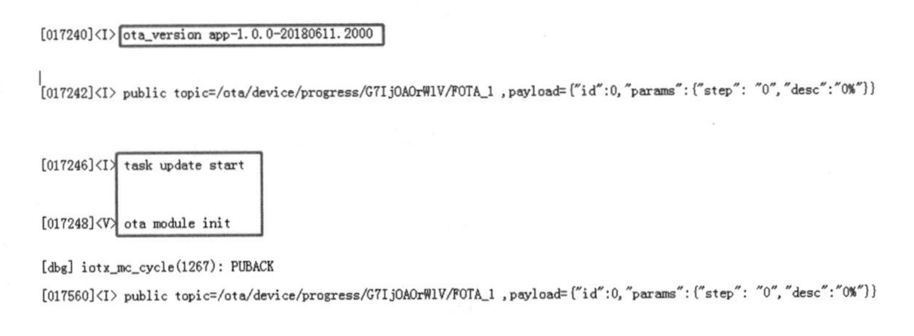

```
[017240]<I> ota_version app-1.0.0-20180611.2000

[017242]<I> public topic=/ota/device/progress/G7IjOAOrW1V/FOTA_1 ,payload={"id":0,"params":{"step": "0","desc":"0%"}}

[017246]<I> task update start

[017248]<V> ota module init
[dbg] iotx_mc_cycle(1267): PUBACK
[017560]<I> public topic=/ota/device/progress/G7IjOAOrW1V/FOTA_1 ,payload={"id":0,"params":{"step": "0","desc":"0%"}}
```

图 9-28 固件升级开始日志

(2)设备发送数据请求开始擦写 Flash。如图 9-29 所示，设备向平台发送了 GET 请求获取更新数据包。开始升级后等待升级完成，进度达到 100%，如图 9-29 所示。

图 9-29　固件升级过程日志

(3)升级完成的日志信息。升级完成后设备切换启动区后重启,如图 9-30 和图 9-31 所示。日志信息中设备上报的固件版本与下发的固件版本号相同,证明本次升级成功。同时,设备会向平台上报最新的固件版本号,与平台做最终确认。

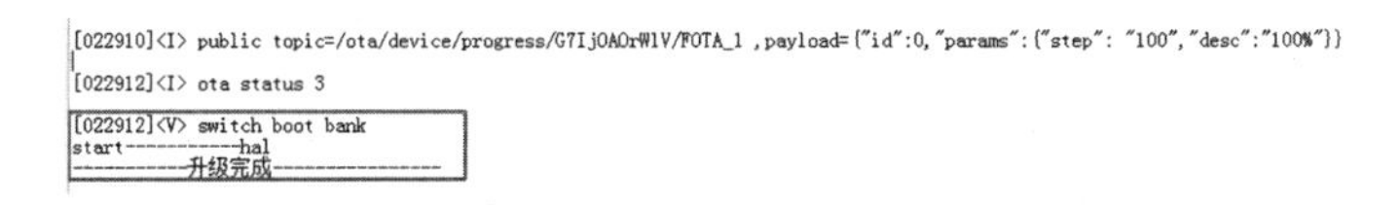

图 9-30　固件升级完成日志(1)

图 9-31　固件升级完成日志(2)

(4)物联网套件查看更新状态。如图 9-32 和图 9-33 所示,在设备详情可以看到固件版本与升级所用固件版本号一致,在升级详情处可以看到升级成功数变为 1。

图 9-32　平台升级详情(1)

图 9-33　平台升级详情(2)

第 10 章　实践例程五:uMesh 自组织网络

10.1　实践内容与软、硬件准备

本章例程的目的是让读者熟悉 AliOS Things 的 uMesh 功能与使用方法,利用基于 mk3060 开发板的 uMesh 代码实现 mesh 组网。具体而言,在本章中我们将熟悉 uMesh 组网的过程和不同方式,并通过使用 AliOS Things 提供的 API 接口快速实现多个设备自组网。本章中实验操作是在 mk3060 开发板上进行的,若选用其他开发板请参考 GitHub 官方源码。GitHub 源码官方地址为:https://github.com/alibaba/AliOS-Things。本章实战所需的软硬件准备如下:

(1)硬件准备:

- mk3060 开发板(本例程中使用两块 mk3060 开发板);
- micro USB 连接线。

(2)软件环境:

- 安装有 alios-stuio 插件的 Visual Studio Code;
- ST-Link 驱动程序;
- 串口调试助手:serial_port_utility;
- 串口驱动程序安装:驱动软件为 ch341_driver.exe。

10.2　实战代码

10.2.1　uMesh 初始化

uMesh 初始化代码如图 10-1 所示。uMesh 网络在初始化时存在以下三种情况:

(1)设备连接到 Wi-Fi 接入点,初始化为 Leader 节点;

(2)节点识别范围内存在 Leader 节点,设备附着到某一 Leader 节点;

(3)节点识别范围内不存在 Leader 节点,设备初始化为 Leader 节点。

```
static void start_mesh(bool is_leader) /* 使用输入形参控制设备 mesh 模式 */
{
#ifdef CONFIG_AOS_MESH
    node_mode_t mode;

    mode = umesh_get_mode() & (~MODE_LEADER);
    if (is_leader) {
        mode |= MODE_LEADER;
    }

    aos_post_delayed_action(1000, mesh_delayed_action, (void *)(long)mode);
#endif
    }
```

图 10-1　start_mesh()函数代码

10.2.2　应用程序入口

本例程的入口函数如图 10-2 所示，用于挂载 uMesh 初始化任务。

```
int application_start(int argc, char **argv)
{
    const char *mode = argc > 1 ? argv[1] : "";

    aos_set_log_level(AOS_LL_DEBUG);

    if (strcmp(mode, "--mesh-node") == 0) {
#ifdef CONFIG_AOS_DDA
        dda_enable(atoi(argv[argc-1]));
        dda_service_init();
        dda_service_start();
#endif
    }
    else if (strcmp(mode, "--mesh-master") == 0) {
#ifdef CONFIG_AOS_DDM
        ddm_run(argc, argv);
#endif
```

```
    }
    else {
        aos_task_new("meshappmain", app_main_entry, NULL, 8192);
#ifdef MESHAPP_LIGHT_ENABLED
        light_init();
#endif
    }

    return 0;
}
static void app_delayed_action(void *arg)
{
#ifndef MESH_HAL_TEST_ENABLED
#ifdef AOS_NETMGR
    netmgr_init();/*网络组件初始化,通过串口输入netmgr控制设备联网*/
    netmgr_start(false);
#endif
#else
    hal_umesh_init();
    hal_umesh_enable(NULL);
    hal_umesh_register_receiver(NULL, handle_received_frame, NULL);
/*注册数据接收句柄*/
    hal_umesh_set_channel(NULL, 6);
    aos_post_delayed_action(g_interval, send_data_task, NULL);
#endif
}
```

图 10-2　应用程序入口函数

10.2.3　Wi-Fi 网络配置

在接收到 netmgr 指令后执行连接 Wi-Fi 操作，如果设备成功连接 Wi-Fi 则初始化为 Leader 节点。具体操作函数如图 10-3 所示。

```
int netmgr_start(bool autoconfig)
{
    stop_mesh();
```

```
/* 如果存在有效的网络接入点则自动重新连接记录的网络 */
    if (has_valid_ap() == 1) {
        aos_post_event(EV_WIFI, CODE_WIFI_CMD_RECONNECT, 0);
        return 0;
    }
#ifdef CONFIG_AOS_NETMGRYTS_NOSMARTCONFIG
    else {
        LOGI("netmgr", "netmgr yts only supports valid AP connect test, "
            "please ensure you have correct AP/passwd information set"
            " in kv before you do this test.");
        return -1;
    }
#endif
/* 入参为 False,Wi-Fi 自动配置模式关闭 */
    if (autoconfig) {
        netmgr_wifi_config_start();
        return 0;
    }
/* 使用从节点模式启动 mesh */
    start_mesh(false);
    return -1;
}
```

图 10-3　Wi-Fi 网络配置

10.2.4　连接 Wi-Fi 的回调函数

如果设备成功连接 Wi-Fi，执行 netmgr_ip_got_event()函数进行 mesh 网络初始化且节点作为 Leader 节点。具体函数代码如图 10-4 所示。

```
static void netmgr_ip_got_event(hal_wifi_module_t *m,
                                hal_wifi_ip_stat_t *pnet, void *arg)
{
    LOGI(TAG, "Got ip : %s, gw : %s, mask : %s", pnet->ip, pnet->gate, pnet->mask);

    g_netmgr_cxt.ipv4_owned = translate_addr(pnet->ip);
    g_netmgr_cxt.ip_available = true;
```

```
    aos_post_event(EV_WIFI, CODE_WIFI_ON_PRE_GOT_IP, 0u);
    start_mesh(true);/* 连接到 Wi-Fi 后节点成为 Leader */
}
```

图 10-4　Wi-Fi 连接回调函数

10.3　实战步骤

(1)固件烧录。

①设置 netmgr.c 文件中 Wi-Fi 账号和密码；

②编译 mk3060 开发板的 meshapp 例程：在终端中输入 aos make meshapp@mk3060；

③烧录固件：aos upload meshapp@mk3060，输入命令后出现选择串口号的消息，此时首先使用按键将 mk3060 开发板进入 bootloader 模式(先按下 boot 按钮且不要放开，再按下 reset 按钮持续 1～2 秒，然后先松开 reset 按钮，再松开 boot 按钮)，之后输入对应串口号的序号开始烧写。

(2)mesh 组网测验。

①将固件烧录入多块设备中进行测试，本例程使用两块开发板进行测试；

②操作第一步，依次复位两块开发板，会产生一块主节点和一块从节点；

③操作第二步，向从节点发送 netmgr 指令；

④操作第三步，向最新的从节点发送 netmgr 指令。

10.4　实战成果

第一步，依次复位两块开发板，此时因为没有 Wi-Fi，所以首先复位的节点将会成为 Leader 节点，后复位的节点附着在 Leader 节点之上成为一个从节点(Child)。如图 10-5 所示的操作日志，可以看出右侧设备为 Leader 节点，左侧设备为从节点，可以从右侧日志中看到附着到该 Leader 节点的从节点 MAC 地址与左侧 MAC 地址相同。

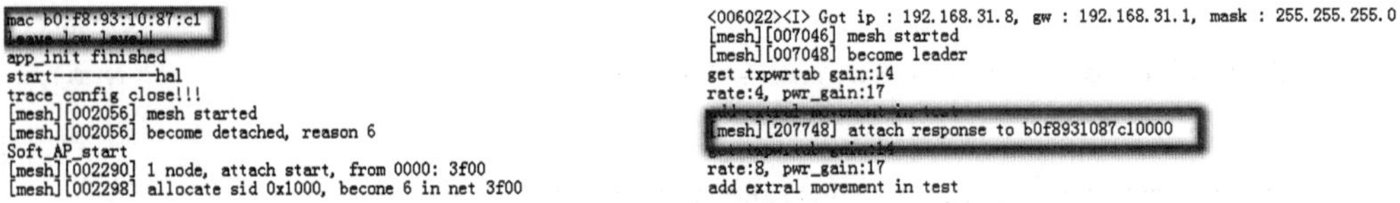

```
mac b0:f8:93:10:87:c1
leave low level!
app_init finished
start----------hal
trace config close!!!
[mesh][002056] mesh started
[mesh][002056] become detached, reason 6
Soft_AP_start
[mesh][002290] 1 node, attach start, from 0000: 3f00
[mesh][002298] allocate sid 0x1000, becone 6 in net 3f00
```

```
<006022><I> Got ip : 192.168.31.8, gw : 192.168.31.1, mask : 255.255.255.0
[mesh][007046] mesh started
[mesh][007048] become leader
get txpwrtab gain:14
rate:4, pwr_gain:17
add extral movement in test
[mesh][207748] attach response to b0f8931087c10000
get txpwrtab gain:14
rate:8, pwr_gain:17
add extral movement in test
```

图 10-5　操作日志(1)

第二步，使用串口向从节点发送 netmgr 指令后，该节点连接我们预先设置好的 Wi-Fi，由原先的从节点变为 Leader 节点，而原先的 Leader 节点由于未连接 Wi-Fi 而变为新的从节点。可以从图 10-6 所示日志看出上述变化过程。

```
add TKIP
add is_broadcast_ether_addr
ME_SET_CONTROL_PORT_REQ
sta_ip_start
[018400]<I> Got ip : 192.168.31.6, gw : 192.168.31.1, mask : 255.255.255.0
[018402]<I> Let's post GOT_IP event.
[mesh][019426] mesh started
[mesh][019428] become leader
```

```
start-----------hal
trace config close!!!
[mesh][002054] mesh started
[mesh][002054] become detached, reason 6
Soft_AP_start
[mesh][006180] become leader
[mesh][006654] attach response to b0f8931087c10000
[mesh][020856] become detached, reason 8
```

图 10-6　操作日志(2)

第三步，同样向最新的从节点发送 netmgr 指令后，该节点又重新变为 Leader 节点。所以，此时两个节点全部连接 Wi-Fi，出现两个 Leader 节点。这可以从图 10-7所示日志看出上述变化过程。

```
---------SM_CONNECT_IND_ok
wpa_driver_assoc_cb
Cancelling scan request
hand_intf_add_key_CCMP
add sta_mgmt_get_sta
add TKIP
add is_broadcast_ether_addr
ME_SET_CONTROL_PORT_REQ
sta_ip_start
[018400]<I> Got ip : 192.168.31.6, gw : 192.168.31.1, mask : 255.255.255.0
[018402]<I> Let's post GOT_IP event.
[mesh][019426] mesh started
[mesh][019428] become leader
[mesh][039442] attach response to fceee60572bc0000
```

```
Cancelling scan request
hapd_intf_add_key CCMP
add sta_mgmt_get_sta
add TKIP
add is_broadcast_ether_addr
ME_SET_CONTROL_PORT_REQ
sta_ip_start
[088024]<I> Got ip : 192.168.31.8, gw : 192.168.31.1, mask : 255.255.255.0
[088026]<I> Let's post GOT_IP event.
[mesh][089050] mesh started
[mesh][089052] become leader
get txpwrtab gain:14
rate:4, pwr_gain:17
add extral movement in test
```

图 10-7　操作日志(3)